天津市房屋修缮工程预算基价

消 防 工 程

DBD 29-705-2020

天津市住房和城乡建设委员会
天津市建筑市场服务中心 主编

中国计划出版社

图书在版编目（CIP）数据

天津市房屋修缮工程预算基价. 消防工程 / 天津市建筑市场服务中心主编. -- 北京 : 中国计划出版社, 2021.10
ISBN 978-7-5182-1281-1

Ⅰ. ①天… Ⅱ. ①天… Ⅲ. ①消防设备—修缮加固—建筑预算定额—天津 Ⅳ. ①TU723.34

中国版本图书馆CIP数据核字(2021)第060051号

天津市房屋修缮工程预算基价
消 防 工 程
DBD 29-705-2020
天津市住房和城乡建设委员会
天津市建筑市场服务中心　主编

中国计划出版社出版发行
网址：www.jhpress.com
地址：北京市西城区木樨地北里甲 11 号国宏大厦 C 座 3 层
邮政编码：100038　电话：(010)63906433(发行部)
三河富华印刷包装有限公司印刷

850mm×1168mm　横 1/16　10.75 印张　314 千字
2021 年 10 月第 1 版　2021 年 10 月第 1 次印刷
印数 1—1000 册

ISBN 978-7-5182-1281-1
定价：80.00 元

天津市住房和城乡建设委员会

津住建建市函〔2020〕30号

市住房城乡建设委关于发布2020《天津市建设工程计价办法》和天津市各专业工程预算基价的通知

各区住建委，各有关单位：

根据《天津市建筑市场管理条例》和《建设工程工程量清单计价规范》，在有关部门的配合和支持下，我委组织编制了2020《天津市建设工程计价办法》和《天津市建筑工程预算基价》、《天津市装饰装修工程预算基价》、《天津市安装工程预算基价》、《天津市市政工程预算基价》、《天津市仿古建筑及园林工程预算基价》、《天津市房屋修缮工程预算基价》、《天津市人防工程预算基价》、《天津市给水及燃气管道工程预算基价》、《天津市地铁及隧道工程预算基价》以及与其配套的各专业工程量清单计价指引和计价软件，现予以发布，自2020年4月1日起施行。2016《天津市建设工程计价办法》和天津市各专业工程预算基价同时废止。

特此通知。

2020年3月10日

主编部门：天津市建筑市场服务中心

主编单位：天津市房屋安全鉴定检测中心（天津市房屋修缮工程定额管理中心）

批准部门：天津市住房和城乡建设委员会

专 家 组：杨树海　宁培雄　兰明秀　李庆河　陈友林　袁守恒　马培祥　沈　萍　王海娜　潘　昕　程春爱　焦　进
杨连仓　周志良　张宇明　施水明　李春林　邵玉霞　柳向辉　张小红　聂　帆　徐　敏　李文同

综 合 组：高　迎　赵　斌　袁永生　姜学立　顾雪峰　陈召忠　沙佩泉　张绪明　杨　军　邢玉军　戴全才

编制人员：张学军　赵　亿　于　鹏　顾雪峰　马新颖　孙　雁　吴　琼　布　超　于晓红

费 用 组：邢玉军　张绪明　关　彬　于会逢　崔文琴　张依琛　许宝林　苗　旺

电 算 组：张绪明　于　堃　张　桐　苗　旺

审　　定：杨瑞凡　华晓蕾　翟国利　黄　斌

发　　行：倪效聃　贾　羽

总 说 明

一、天津市房屋修缮工程预算基价(以下简称“本基价”)是根据国家和本市有关法规、标准、规范等相关依据,按正常的施工工期和生产条件,考虑常规的施工工艺、合理的施工组织设计,结合本市实际编制的。本基价是完成单位合格产品所需人工、材料、机械台班及相应费用的基本标准,反映了社会平均水平。

二、本基价适用于天津市行政区域内已使用建筑物及其附属设备的修缮、翻建、房屋加固、改造、装饰装修工程以及随同房屋修缮工程施工的零星($300m^2$ 以内)添建工程。

三、本基价是编制估算指标、概算定额和初步设计概算、施工图预算、竣工结算、招标控制价的基础,是建设项目投标报价的参考。

四、本基价各子目的预算基价由人工费、材料费和机械费组成。基价中的工作内容为主要施工工序,次要施工工序虽未做说明,但基价中已考虑。

五、本基价适用于采用一般计税方法计取增值税的安装工程,各子目中的材料和机械费为不含税的基期价格。

六、本基价人工费的规定和说明。

1. 人工消耗量是以现行《建设工程劳动定额》《房屋修缮工程消耗量定额》和《通用安装工程消耗量定额》为基础,结合本市实际确定,包括了施工操作的基本用工、辅助用工、材料在施工现场超运距用工及人工幅度差。人工效率按 8 小时工作制考虑。

2. 人工单价是根据《中华人民共和国劳动法》的有关规定,参照编制期天津市建筑市场劳动力价格水平综合测算的。按技术含量分为三类:一类工每工日 153 元,二类工每工日 135 元,三类工每工日 113 元。

3. 人工费是支付给从事建筑安装工程施工的生产工人和附属生产单位工人的各项费用以及生产工具用具使用费,其中包括按照国家和本市有关规定,职工个人缴纳的养老保险、失业保险、医疗保险及住房公积金。

七、本基价材料费的规定和说明。

1. 材料包括主要材料和零星材料,主要材料为构成工程实体且能够计量的材料、成品、半成品,按品种、规格列出消耗量;零星材料为不构成工程实体且用量较小的材料,以“元”为单位列出。

2. 材料费包括主要材料费、零星材料费。

3. 材料消耗量均按合格的标准规格产品编制,包括正常施工消耗和材料从工地仓库、现场集中堆放或加工地点运至施工操作、安装地点的堆放和运输损耗及不可避免的施工操作损耗。

4. 当设计要求采用的材料、成品或半成品的品种、规格型号与基价中不同时,可按各章规定调整。

5. 材料价格按本基价编制期建筑市场材料价格综合取定,包括由材料供应地点运至工地仓库或施工现场堆放地点的费用和材料的采购及保管费。材料采购及保管费包括施工单位在组织采购、供应和保管材料过程中所需各项费用和工地仓库的储存损耗。

6. 工程建设中部分材料由建设单位供料,结算时退还建设单位所购材料的材料款(包括材料采购及保管费),材料单价以施工合同中约定的材料价格为准,材料数量按实际领用量确定。

7. 周转材料费中的周转材料按摊销量编制,且已包括回库维修等相关费用。

8. 本基价部分材料或成品、半成品的消耗量带有括号，并列于无括号材料消耗量之前，表示该材料未计价，基价总价未包括其价值，计价时应以括号中的消耗量乘以其价格，计入本基价的材料费和总价中；列于无括号材料消耗量之后，表示基价总价和材料费中已经包括了该材料的价值，括号内的材料不再计价。

9. 本基价的材料费未包括不容易计量的次要材料费，不容易计量的次要材料费按材料总价的 1% 计算，列入预算基价内。

八、本基价机械费的规定和说明：

1. 机械台班消耗量是按照正常的施工程序、合理的机械配置确定的。

2. 机械台班单价按照《建设工程施工机械台班费用编制规则》及《天津市施工机械台班参考基价》确定。

3. 本基价中、小型机械费采取综合计费的方法计取，大型机械费根据施工需要，甲、乙双方协商认定，按实际发生计取。机械拆除按章说明执行。

4. 采用简易计税方法计取增值税时，本基价各子目中机械费按系数 1.0902 调整。

九、凡纳入重大风险源风险范围的分部分项工程均应按专家论证的专项方案另行计算相关费用。

十、本基价未包括施工用水费、电费，施工用水费、电费按实际发生计算。

十一、本基价凡注明“× × 以内”或“× × 以下”者，均包括 × × 本身，注明“× × 以外”或“× × 以上”者，均不包括 × × 本身。

十二、本基价材料、机械和构件的规格，用数值表示而未说明单位的，其计量单位为“mm”；工程量计算规则中，凡未说明计量单位的，按长度计算的以“m”为计量单位，按面积计算的以“m^2”为计量单位，按体积计算的以“m^3”为计量单位，按质量计算的以“kg”或“t”为计量单位。

目　　录

第六章　消防系统调试

第七章　措 施 项 目

附　　录

册 说 明

一、本册基价包括拆除工程、水灭火系统安装、气体灭火系统、泡沫灭火系统、火灾自动报警系统、消防系统调试、措施项目7章，共455条基价子目。

二、本册基价适用于一般工业厂房、公共建筑及民用建筑拆除、翻修、大中修、改造工程的消防工程拆除、拆换、整修及安装工程。

三、本册基价是按正常施工条件、合理科学的施工组织及使用标准合格的建筑材料、成品、半成品编制的，并考虑到房屋修缮工程中普遍存在的工程规模相对较小且分散、室内不易全部腾空、场地狭小、连续作业差、要保护原有建筑物及周边景观环境等对施工作业不利因素的影响。除另有规定外，不得因具体的施工条件的差异而降低基价水平。

四、本册基价子目中不含以下内容，应参照其他章节列项或另行补充。

1. 电缆敷设，桥架安装，配管配线，接线盒，动力、应急照明控制设备、应急照明器具、各种仪表的安装及带电讯号的阀门、压力开关、驱动装置及泄漏报警开关的接线、防雷接地装置等安装参照相应册基价子目。

2. 水灭火系统、泡沫灭火系统及泵间的法兰、阀门、碳钢管、不锈钢管、铜管和管件安装参照相应册基价子目。

3. 泡沫灭火系统设备支架制作、安装应执行相应册基价子目。

五、本册基价未包括工程用水、电的费用，其费用按实际计取。

六、本册基价子目中未考虑大型机械费用，如发生按实际计取。

七、本册基价包括材料、设备距施工现场中心50m内的水平搬运，单体设备超过0.5t时，吊装费另行计算。

八、本册基价涉及的工程，单工种单项工程在5工日以内、多工种多项工程在10工日以内以分部分项工程费中的人工费、材料费、机械费合计为基数，乘以系数1.05计算。

九、本册基价中材料和机械的规格凡未注明计量单位的，均为“mm”。

十、本册基价子目除各章说明中注明外，均未考虑超高作业增加费，已考虑超高作业因素的子目按各章说明计算。

十一、本册基价中的脚手架搭拆费：按分部分项工程费中人工费的5%计取，其费用中人工费占35%。

十二、本册基价中的操作高度增加费：安装高度距离楼面或地面大于3.6m且不大于10m时，操作高度增加费按超过部分的人工费乘以系数0.10计算，安装高度距离楼面或地面大于10m且小于30m时，操作高度增加费按超过部分的人工费乘以系数0.20计算，全部为人工费。

十三、本册基价中的建筑物超高增加费（指在建筑物地上层数大于6层或建筑物地上高度大于20m以上的工业与民用建筑物上进行安装时所增加的费用）除各章说明中注明外，按下表计算建筑物超高增加的费用，其费用中人工费占65%。

建筑物超高增加费（利用建设单位电梯不计取此项费用）

建筑物高度（m）	≤40	≤60	≤80	≤100	≤120	≤140	≤160	≤180	≤200
建筑层数（层）	≤12	≤18	≤24	≤30	≤36	≤42	≤48	≤54	≤60
按人工费的百分比（%）	2	5	9	14	20	26	32	38	44

十四、本册基价中列项拆除工程为保护性拆除项目,非保护性拆除的消耗量按定额子目消耗量 50% 计取。
十五、在管井内、竖井内和封闭天棚内进行安装的工程,该部分基价中人工费、机械费乘以系数 1.20。
十六、未尽事宜见各章说明。

第一章　拆 除 工 程

说　明

一、本章内容包括消防水系统拆除、火灾自动报警系统拆除、气体灭火系统拆除、泡沫灭火系统拆除及管道支架拆除5节，共189条基价子目。

二、工程计价时需注意的问题。

1. 各项拆除工程应依照工序拆除，保持原物完整。

2. 本章定额除各节另有注明者外，均包括拆卸各项设备、管线、附属零件等，并分类整理好，集中到现场指定地点，以待验收。

3. 非保护性拆除的消耗量按相应定额消耗量的50%计取。

工程量计算规则

一、消防喷淋管道拆除按管道长度以"m"为计量单位，不扣除阀门、管件及各种组件所占长度。

二、消防管件的拆除只适用于单独的管件拆除项目，以"个"为计量单位。

三、喷头拆除以"个"为计量单位。

四、湿式报警装置拆除按不同规格以"组"为计量单位。

五、温感式水幕装置拆除按不同规格以"组"为计量单位。

六、水流指示器拆除按不同规格以"个"为计量单位。

七、室内外消火栓拆除以"套"为计量单位。室外地下式消火栓拆除不包括土方的开挖和井的拆除，土方的开挖和井的拆除按辅助项目或其他册相应子目另计。

八、消防水泵接合器拆除按不同安装方式和规格以"套"为计量单位。

九、点型探测器拆除不分规格、型号、类型，以"个"为计量单位。

十、红外线探测器以"对"为计量单位。

十一、火焰探测器、可燃气体探测器拆除不分规格、型号、类型，以"个"为计量单位。

十二、线性探测器拆除不分安装方式、线制及保护形式，以"m"为计量单位。

十三、线性探测器信号转换装置拆除以"台"为计量单位。

十四、报警终端电阻拆除以"个"为计量单位。

十五、按钮包括消火栓按钮、手动报警按钮、气体灭火起/停按钮拆除以"个"为计量单位。

十六、警报装置拆除分为声光报警和警铃报警两种形式，以"个"为计量单位。

十七、空气采样管拆除以"m"为计量单位。

十八、极早期空气采样报警器拆除，按控制回路数以"台"为计量单位。

十九、控制模块（接口）拆除不分安装方式，按输出数量以“个”为计量单位。

二十、消防专用电话分机与电话插孔的拆除不分安装方式，以“个”为计量单位。

二十一、火灾事故广播中的扬声器拆除，按吸顶式、壁挂式以“个”为计量单位；音量调节器以“个”为计量单位。

二十二、报警模块（接口）拆除不分安装方式，按输出数量以“个”为计量单位。

二十三、模块箱、端子箱拆除不分安装方式，以“台”为计量单位。

二十四、区域报警控制箱拆除区分安装方式以“台”为计量单位。这里的点是指区域报警控制箱所带的有地址编码的报警器件与控制模块（接口）的数量。

二十五、联动控制箱拆除区分安装方式以“台”为计量单位。这里的点是指联动控制箱所带的有地址编码的报警器件与控制模块（接口）的数量。

二十六、远程控制箱（柜）拆除，按控制回路数以“台”为计量单位。

二十七、重复显示器（楼层显示器）拆除不分规格、型号、安装方式，不区分总线制与多线制，以“台”为计量单位。

二十八、火灾报警系统控制主机拆除区分安装方式以“台”为计量单位。这里的点是指火灾报警系统控制主机所带的有地址编码的报警器件（探测器、报警按钮、模块等）的数量。如果一个模块带数个探测器，则只能计为一点。

二十九、联动控制主机拆除以“台”为计量单位。这里的点是指联动控制主机所带的有地址编码的报警器件与控制模块（接口）的数量。

三十、消防广播控制柜、广播功率放大器、广播录放盘、矩阵、广播分配器拆除不分规格、型号，以“台”为计量单位。

三十一、消防电话主机拆除按控制回路数以“台”为计量单位。

三十二、火灾报警控制微机拆除不分规格、型号，以“台”为计量单位。

三十三、备用电源及电池主机（柜）拆除不分规格、型号，以“台”为计量单位。

三十四、报警联动一体机拆除区分安装方式以“台”为计量单位。这里的点是指报警联动一体机所带的有地址编码的报警器件（探测器、报警按钮、模块等）的数量。如果一个模块带数个探测器，则只能计为一点。

三十五、气体灭火系统管道拆除按管道长度以“m”为计量单位，不扣除阀门、管件及各种组件所占长度。

三十六、气体灭火系统钢制管件（螺纹连接）拆除按管件个数以“个”为单位计算。

三十七、选择阀拆除按管件个数以“个”为计量单位。

三十八、贮存装置拆除按贮存装置数量以“套”为计量单位，附带的支框架、系统组件、阀驱动装置、高压软管等不另行计算。

三十九、称重检漏装置拆除、无管网气体灭火装置拆除按整体装置数量以“套”为计量单位。

四十、泡沫灭火系统拆除按泡沫发生器、泡沫比例混合器的数量以“台”为计量单位。

四十一、管道支架拆除按“kg”为单位计算。

第一节　消防水系统拆除

工作内容：停泄水，管道、管件拆除，搬运至指定地点，清理现场等。

<table>
<tr><td colspan="4">编　　号</td><td>1-001</td><td>1-002</td><td>1-003</td><td>1-004</td><td>1-005</td><td>1-006</td></tr>
<tr><td colspan="4" rowspan="3">项目名称</td><td colspan="4">水喷淋镀锌钢管（螺纹连接）拆除</td><td colspan="2">水喷淋钢管（法兰连接）拆除</td></tr>
<tr><td colspan="6">公称直径（mm）</td></tr>
<tr><td>25 以内</td><td>40 以内</td><td>65 以内</td><td colspan="2">100 以内</td><td>200 以内</td></tr>
<tr><td colspan="4">单　　位</td><td colspan="6">10m</td></tr>
<tr><td colspan="4">总价（元）</td><td>89.04</td><td>137.97</td><td>161.70</td><td>175.49</td><td>261.37</td><td>359.05</td></tr>
<tr><td rowspan="3">其中</td><td colspan="3">人工费（元）</td><td>89.04</td><td>137.97</td><td>161.70</td><td>175.49</td><td>261.37</td><td>355.50</td></tr>
<tr><td colspan="3">材料费（元）</td><td>—</td><td>—</td><td>—</td><td>—</td><td>—</td><td>—</td></tr>
<tr><td colspan="3">机械费（元）</td><td>—</td><td>—</td><td>—</td><td>—</td><td>—</td><td>3.55</td></tr>
<tr><td colspan="2">名　　称</td><td>单位</td><td>单价（元）</td><td colspan="6">消　耗　量</td></tr>
<tr><td>人工</td><td>综合工日</td><td>工日</td><td>113.00</td><td>0.788</td><td>1.221</td><td>1.431</td><td>1.553</td><td>2.313</td><td>3.146</td></tr>
<tr><td>机械</td><td>中小型机械费</td><td>元</td><td>—</td><td>—</td><td>—</td><td>—</td><td>—</td><td>—</td><td>3.55</td></tr>
</table>

工作内容：停泄水，管道、管件卡件拆除，搬运至指定地点，清理现场。

编号				1-007	1-008	1-009
项目名称				水喷淋钢管管道（沟槽连接）拆除		
				公称直径（mm）		
				65 以内	80 以内	100 以内
单位				10m		
总价（元）				**92.89**	**102.49**	**110.29**
其中	人工费（元）			92.89	102.49	110.29
	材料费（元）			—	—	—
名称		单位	单价（元）	消耗量		
人工	综合工日	工日	113.00	0.822	0.907	0.976

工作内容：停泄水，管道、管件拆除，搬运至指定地点，清理现场。

编号				1-010	1-011	1-012	1-013	1-014
项目名称				水喷淋钢管管道（沟槽连接）拆除				
				公称直径（mm）				
				125 以内	150 以内	200 以内	250 以内	300 以内
单位				10m				
总价（元）				**127.69**	**136.73**	**150.14**	**186.27**	**211.47**
其中	人工费（元）			127.69	136.73	148.37	182.72	207.92
	材料费（元）			—	—	—	—	—
	机械费（元）			—	—	1.77	3.55	3.55
名称		单位	单价（元）	消耗量				
人工	综合工日	工日	113.00	1.130	1.210	1.313	1.617	1.840
机械	中小型机械费	元	—	—	—	1.77	3.55	3.55

工作内容：停泄水，管道、卡件拆除，搬运至指定地点，清理现场。

编号				1-015	1-016	1-017	1-018
项目名称				水喷淋钢管管件（沟槽连接）拆除			
				公称直径（mm）			
				65 以内	80 以内	100 以内	125 以内
单位				10 个			
总价（元）				**94.02**	**103.96**	**120.35**	**181.03**
其中	人工费（元）			94.02	103.96	120.35	181.03
	材料费（元）			—	—	—	—
名称		单位	单价（元）	消耗量			
人工	综合工日	工日	113.00	0.832	0.920	1.065	1.602

工作内容：停泄水，管道、卡件拆除，搬运至指定地点，清理现场。

编　号				1-019	1-020	1-021	1-022
项目名称				水喷淋钢管管件（沟槽连接）拆除			
				公称直径（mm）			
				150 以内	200 以内	250 以内	300 以内
单　位				10 个			
总价（元）				**204.19**	**285.33**	**425.11**	**452.00**
其中	人工费（元）			204.19	285.33	425.11	452.00
	材料费（元）			—	—	—	—
名　称		单位	单价（元）	消　耗　量			
人工	综合工日	工日	113.00	1.807	2.525	3.762	4.000

工作内容：停泄水，管道、管件拆除，搬运至指定地点，清理现场。

编号				1-023	1-024	1-025	1-026
项目名称				消火栓镀锌钢管(螺纹连接)拆除			
				公称直径(mm)			
				50以内	65以内	80以内	100以内
单位				10m			
总价(元)				**127.13**	**140.57**	**137.63**	**147.69**
其中	人工费(元)			127.13	140.57	137.63	147.69
	材料费(元)			—	—	—	—
名称		单位	单价(元)	消耗量			
人工	综合工日	工日	113.00	1.125	1.244	1.218	1.307

工作内容：停泄水、管道拆除、搬运至指定地点、清理现场。

编　号				1-027	1-028	1-029	1-030	1-031	1-032
项目名称				消火栓无缝钢管（焊接）拆除					
				管外径（mm）					
				76以内	89以内	108以内	133以内	159以内	219以内
单　位				10m					
总价（元）				**118.31**	**130.85**	**135.37**	**145.66**	**151.42**	**178.43**
其中	人工费（元）			118.31	130.85	135.37	145.66	151.42	178.43
	材料费（元）			—	—	—	—	—	—
名　称		单位	单价（元）	消　耗　量					
人工	综合工日	工日	113.00	1.047	1.158	1.198	1.289	1.340	1.579

工作内容：关闭门、喷头拆除、搬运至指定地点、清理现场。

编　号				1-033	1-034
项目名称				水喷淋(雾)喷头拆除	
				无吊顶	有吊顶
				公称直径(mm)	
				25 以内	
单　位				个	
总价(元)				**5.31**	**7.23**
其中	人工费(元)			5.31	7.23
	材料费(元)			—	—
名　称		单位	单价(元)	消　耗　量	
人工	综合工日	工日	113.00	0.047	0.064

工作内容：湿式报警装置及附件拆除、搬运至指定地点、清理现场。

编号				1-035	1-036	1-037
项目名称				湿式报警装置拆除		
				公称直径（mm）		
				100 以内	150 以内	200 以内
单位				组		
总价（元）				**189.05**	**211.08**	**261.26**
其中	人工费（元）			189.05	211.08	261.26
	材料费（元）			—	—	—
名称		单位	单价（元）	消耗量		
人工	综合工日	工日	113.00	1.673	1.868	2.312

工作内容：报警装置及附件拆除、搬运至指定地点、清理现场。

编号				1-038	1-039	1-040
项目名称				其他报警装置拆除		
				公称直径(mm)		
				100 以内	150 以内	200 以内
单位				组		
总价(元)				**226.68**	**253.35**	**313.58**
其中	人工费(元)			226.68	253.35	313.58
	材料费(元)			—	—	—
名称		单位	单价(元)	消耗量		
人工	综合工日	工日	113.00	2.006	2.242	2.775

工作内容：水流指示器及附件拆除、搬运至指定地点、清理现场。

编　　号				1-041	1-042	1-043	1-044
项目名称				水流指示器（沟槽法兰连接）拆除		水流指示器（马鞍形连接）拆除	
				公称直径（mm）			
				100 以内	200 以内	100 以内	200 以内
单　　位				个			
总价（元）				**48.36**	**90.29**	**15.48**	**27.35**
其中	人工费（元）			48.36	90.29	15.48	27.35
	材料费（元）			—	—	—	—
名　　称		单位	单价（元）	消　耗　量			
人工	综合工日	工日	113.00	0.428	0.799	0.137	0.242

工作内容：温感式水幕装置及附件拆除、搬运至指定地点、清理现场。

编号				1-045	1-046	1-047
项目名称				温感式水幕装置拆除		
				公称直径（mm）		
				20 以内	32 以内	50 以内
单位				组		
总价（元）				**50.74**	**97.97**	**174.81**
其中	人工费（元）			50.74	97.97	174.81
	材料费（元）			—	—	—
名称		单位	单价（元）	消耗量		
人工	综合工日	工日	113.00	0.449	0.867	1.547

工作内容:减压孔板及附件拆除、搬运至指定地点、清理现场。

编号				1–048	1–049	1–050	1–051
项目名称				减压孔板拆除			
				公称直径(mm)			
				50 以内	80 以内	100 以内	150 以内
单位				个			
总价(元)				**18.19**	**25.43**	**29.15**	**33.11**
其中	人工费(元)			18.19	25.43	29.15	33.11
	材料费(元)			—	—	—	—
名称		单位	单价(元)	消耗量			
人工	综合工日	工日	113.00	0.161	0.225	0.258	0.293

工作内容：1. 末端试水装置及附件拆除、搬运至指定地点、清理现场。2. 支架拆除、整体及附件拆除、搬运至指定地点、清理现场。

编号				1-052	1-053	1-054
项目名称				末端试水装置拆除		集热板拆除
				公称直径（mm）		
				25 以内	32 以内	
单位				组		套
总价（元）				**48.93**	**53.56**	**7.80**
其中	人工费（元）			48.93	53.56	7.80
	材料费（元）			—	—	—
名称		单位	单价（元）	消耗量		
人工	综合工日	工日	113.00	0.433	0.474	0.069

工作内容：室内消火栓及附件拆除、搬运至指定地点、清理现场。

编号					1-055	1-056	1-057	1-058
项目名称					室内消火栓（明装）拆除			
					普通		带自救卷盘	
					公称直径（mm）			
					单栓	双栓	单栓	双栓
					65 以内			
单位					套			
总价（元）					**40.34**	**51.53**	**48.48**	**61.81**
其中	人工费（元）				40.34	51.53	48.48	61.81
	材料费（元）				—	—	—	—
名称		单位	单价（元）		消耗量			
人工	综合工日	工日	113.00		0.357	0.456	0.429	0.547

工作内容：室内消火栓及附件拆除、搬运至指定地点、清理现场。

编号				1-059	1-060	1-061	1-062
项目名称				室内消火栓（暗装）拆除			
				普通		带自救卷盘	
				公称直径（mm）			
				单栓	双栓	单栓	双栓
				65 以内			
单位				套			
总价（元）				**46.78**	**59.78**	**56.16**	**71.64**
其中	人工费（元）			46.78	59.78	56.16	71.64
	材料费（元）			—	—	—	—
名称		单位	单价（元）	消耗量			
人工	综合工日	工日	113.00	0.414	0.529	0.497	0.634

工作内容：室外消火栓及附件拆除、搬运至指定地点、清理现场。

编　号				1-063	1-064	1-065	1-066
项目名称				室外地下式消火栓拆除			
				公称直径 100mm		公称直径 150mm	
				消火栓位置			
				支管	干管	支管	干管
单　位				套			
总价（元）				**37.40**	**39.10**	**43.05**	**45.09**
其中	人工费（元）			37.40	39.10	43.05	45.09
	材料费（元）			—	—	—	—
名　称		单位	单价（元）	消　耗　量			
人工	综合工日	工日	113.00	0.331	0.346	0.381	0.399

工作内容：室外消火栓及附件拆除、搬运至指定地点、清理现场。

编号				1-067	1-068	1-069	1-070
项目名称				室外地上式消火栓拆除			
				公称直径 100mm		公称直径 150mm	
				消火栓位置			
				支管	干管	支管	干管
单位				套			
总价（元）				**48.36**	**55.82**	**66.22**	**81.47**
其中	人工费（元）			48.36	55.82	66.22	81.47
	材料费（元）			—	—	—	—
名称		单位	单价（元）	消耗量			
人工	综合工日	工日	113.00	0.428	0.494	0.586	0.721

工作内容：本体及附件拆除、搬运至指定地点、清理现场。

编号				1-071	1-072
项目名称				灭火器拆除	
				手提式	推车式
单位				具	组
总价（元）				**0.68**	**2.26**
其中	人工费（元）			0.68	2.26
	材料费（元）			—	—
名称		单位	单价（元）	消耗量	
人工	综合工日	工日	113.00	0.006	0.020

工作内容：消防水炮及附件拆除、搬运至指定地点、清理现场。

编号				1-073	1-074	1-075	1-076
项目名称				消防水炮拆除			模拟末端试水装置
				进口口径（mm）			
				50 以内	80 以内	100 以内	50
单位				台			
总价（元）				**41.81**	**53.11**	**67.35**	**29.27**
其中	人工费（元）			41.81	53.11	67.35	29.27
	材料费（元）			—	—	—	—
名称		单位	单价（元）	消耗量			
人工	综合工日	工日	113.00	0.370	0.470	0.596	0.259

第二节　火灾自动报警系统拆除

工作内容：接头线拆除、底座拆除、探头拆除、搬运至指定地点、清理现场。

编　号				1-077	1-078	1-079	1-080	1-081	1-082	1-083
项目名称				点型探测器拆除				线型探测器拆除		
				感烟/感温	红外光束	火焰	可燃气体	线型探测器	线型探测器信号转换装置	报警终端电阻
单　位				个	对	个		m	台	个
总价（元）				**17.40**	**61.02**	**58.08**	**17.40**	**10.51**	**99.67**	**0.68**
其中	人工费（元）			17.40	61.02	58.08	17.40	10.51	99.67	0.68
	材料费（元）			—	—	—	—	—	—	—
名　称		单位	单价（元）	消　耗　量						
人工	综合工日	工日	113.00	0.154	0.540	0.514	0.154	0.093	0.882	0.006

工作内容：接头线拆除，按钮、警铃拆除，搬运至指定地点，清理现场。

编号				1-084	1-085	1-086
项目名称				火灾报警按钮拆除	消火栓报警按钮拆除	消防警铃、声光报警器拆除
单位				个		
总价（元）				**30.51**	**49.72**	**36.50**
其中	人工费（元）			30.51	49.72	36.50
	材料费（元）			—	—	—
名称		单位	单价（元）	消耗量		
人工	综合工日	工日	113.00	0.270	0.440	0.323

工作内容：采样管拆除、接头线拆除、报警器拆除、搬运至指定地点、清理现场。

编号				1-087	1-088	1-089	1-090	1-091
项目名称				空气采样型探测器拆除				
				空气采样管	极早期空气采样报警器（路）			
					2	6	8	16
单位				m	台			
总价（元）				**11.07**	**165.66**	**277.08**	**365.44**	**444.54**
其中	人工费（元）			11.07	165.66	277.08	365.44	444.54
	材料费（元）			—	—	—	—	—
名称		单位	单价（元）	消耗量				
人工	综合工日	工日	113.00	0.098	1.466	2.452	3.234	3.934

工作内容：接头线拆除、电话分机拆除、搬运至指定地点、清理现场。

编号				1-092	1-093
项目名称				消防报警电话插孔（电话）拆除	
				电话分机	电话插孔
单位				个	
总价（元）				**12.77**	**6.89**
其中	人工费（元）			12.77	6.89
	材料费（元）			—	—
名称		单位	单价（元）	消耗量	
人工	综合工日	工日	113.00	0.113	0.061

工作内容：接头线拆除、扬声器拆除、搬运至指定地点、清理现场。

编　号				1-094	1-095	1-096
项目名称				消防广播（扬声器）拆除		
				扬声器		音量调节器
				吸顶式（3~5W）	壁挂式（3~5W）	
单　位				个		
总价（元）				**22.71**	**17.40**	**5.54**
其中	人工费（元）			22.71	17.40	5.54
	材料费（元）			—	—	—
名　称		单位	单价（元）	消　耗　量		
人工	综合工日	工日	113.00	0.201	0.154	0.049

工作内容：接头线拆除、模块拆除、搬运至指定地点、清理现场。

编　号				1-097	1-098	1-099	1-100	1-101	1-102
项目名称				消防专用模块（模块箱）拆除					
				模块				模块箱	端子箱
				单输入/单输出	多输入/多输出	单输入/单输出	多输入/多输出		
单　位				个					
总价（元）				**99.78**	**111.98**	**117.75**	**151.99**	**21.47**	**23.84**
其中	人工费（元）			99.78	111.98	117.75	151.99	21.47	23.84
	材料费（元）			—	—	—	—	—	—
名　称		单位	单价（元）	消　耗　量					
人工	综合工日	工日	113.00	0.883	0.991	1.042	1.345	0.190	0.211

工作内容: 接头线拆除、火灾报警系统控制主机拆除、搬运至指定地点、清理现场。

编　号				1-103	1-104	1-105	1-106	1-107
项目名称				区域报警控制箱(壁挂)拆除				区域报警控制箱(落地)拆除
				点				
				64 以内	128 以内	256 以内	500 以内	1000 以内
单　位				台				
总价(元)				**105.09**	**148.03**	**269.62**	**482.06**	**696.76**
其中	人工费(元)			105.09	148.03	269.62	482.06	696.76
	材料费(元)			—	—	—	—	—
名　称		单位	单价(元)	消　耗　量				
人工	综合工日	工日	113.00	0.930	1.310	2.386	4.266	6.166

工作内容：接头线拆除、联动控制箱拆除、搬运至指定地点、清理现场。

编号				1-108	1-109	1-110
项目名称				联动控制箱拆除		
				壁挂式		落地式
				点		
				256 以内	500 以内	1000 以内
单位				台		
总价(元)				**272.56**	**447.03**	**738.81**
其中	人工费(元)			272.56	447.03	735.63
	材料费(元)			—	—	—
	机械费(元)			—	—	3.18
名称		单位	单价(元)	消耗量		
人工	综合工日	工日	113.00	2.412	3.956	6.510
机械	中小型机械费	元	—	—	—	3.18

工作内容：接头线拆除、远程控制箱拆除、搬运至指定地点、清理现场。

编号				1-111	1-112	1-113
项目名称				远程控制箱（路）		重复显示器
				3 以内	5 以内	
单位				台		
总价（元）				**170.63**	**271.99**	**335.95**
其中	人工费（元）			170.63	271.99	335.95
	材料费（元）			—	—	—
名称		单位	单价（元）	消耗量		
人工	综合工日	工日	113.00	1.510	2.407	2.973

工作内容：接头线拆除、火灾报警系统控制主机拆除、搬运至指定地点、清理现场。

编　号				1-114	1-115	1-116	1-117
项目名称				火灾报警系统控制主机拆除(壁挂)(点)			
				500 以内	1000 以内	2000 以内	2000 以外
单　位				台			
总价(元)				**502.40**	**680.15**	**902.42**	**1161.53**
其中	人工费(元)			502.40	680.15	902.42	1161.53
	材料费(元)			—	—	—	—
名　称		单位	单价(元)	消　耗　量			
人工	综合工日	工日	113.00	4.446	6.019	7.986	10.279

工作内容:接头线拆除、火灾报警系统控制主机拆除、搬运至指定地点、清理现场。

编号				1-118	1-119	1-120	1-121	1-122
项目名称				火灾报警系统控制主机拆除(落地)(点)				
				500 以内	1000 以内	2000 以内	5000 以内	5000 以外
单位				台				
总价(元)				**521.51**	**691.58**	**826.16**	**1176.91**	**1317.03**
其中	人工费(元)			518.33	688.40	822.98	1173.73	1313.85
	材料费(元)			—	—	—	—	—
	机械费(元)			3.18	3.18	3.18	3.18	3.18
名称		单位	单价(元)	消耗量				
人工	综合工日	工日	113.00	4.587	6.092	7.283	10.387	11.627
机械	中小型机械费	元	—	3.18	3.18	3.18	3.18	3.18

工作内容:接头线拆除、火灾报警系统控制主机拆除、搬运至指定地点、清理现场。

编号					1-123	1-124	1-125	1-126
项目名称					联动控制主机拆除(落地)			
					256 点以内	500 点以内	1000 点以内	1000 点以外
单位					台			
总价(元)					**348.40**	**547.39**	**731.13**	**796.67**
其中	人工费(元)				345.22	544.21	727.95	793.49
	材料费(元)				—	—	—	—
	机械费(元)				3.18	3.18	3.18	3.18
名称		单位	单价(元)		消耗量			
人工	综合工日	工日	113.00		3.055	4.816	6.442	7.022
机械	中小型机械费	元	—		3.18	3.18	3.18	3.18

工作内容：接头线拆除，消防广播控制柜、广播功率放大器、广播录放盘、矩阵、广播分配器及消防电话主机拆除，搬运至指定地点，清理现场。

编号				1-127	1-128	1-129	1-130	1-131
项目名称				消防广播及电话主机（柜）拆除				
				消防广播控制柜	广播功率放大器	广播录放盘	矩阵	广播分配器
单位				台				
总价（元）				**408.50**	**21.92**	**27.57**	**18.31**	**155.38**
其中	人工费（元）			408.50	21.92	27.57	18.31	155.38
	材料费（元）			—	—	—	—	—
名称		单位	单价（元）	消耗量				
人工	综合工日	工日	113.00	3.615	0.194	0.244	0.162	1.375

工作内容：接头线拆除，消防广播控制柜、广播功率放大器、广播录放盘、矩阵、广播分配器及消防电话主机拆除，搬运至指定地点，清理现场。

编　号				1-132	1-133	1-134	1-135
项目名称				消防电话主机拆除（路）			
				10 以内	30 以内	60 以内	80 以内
单　位				台			
总价（元）				**314.93**	**477.31**	**616.98**	**774.95**
其中	人工费（元）			314.93	477.31	616.98	774.95
	材料费（元）			—	—	—	—
名　称		单位	单价（元）	消　耗　量			
人工	综合工日	工日	113.00	2.787	4.224	5.460	6.858

工作内容：接头线拆除、火灾报警控制微机、图形显示及打印终端拆除、搬运至指定地点、清理现场。

编　　号				1-136
项目名称				火灾报警控制微机、图形显示及打印终端拆除
单　　位				台
总价(元)				**134.58**
其中	人工费(元)			134.58
	材料费(元)			—
名　　称		单位	单价（元）	消　耗　量
人工	综合工日	工日	113.00	1.191

工作内容：接头线拆除、备用电源及电池主机拆除、搬运至指定地点、清理现场。

编　号				1-137
项目名称				备用电源及电池主机柜拆除
单　位				台
总价（元）				**277.77**
其中	人工费（元）			274.59
	材料费（元）			—
	机械费（元）			3.18
名　称		单位	单价（元）	消　耗　量
人工	综合工日	工日	113.00	2.430
机械	中小型机械费	元	—	3.18

工作内容：接头线拆除、报警联动一体机拆除、搬运至指定地点、清理现场。

编号				1-138	1-139	1-140	1-141
项目名称				火灾报警联动一体机（壁挂）拆除（点）		火灾报警联动一体机（落地）拆除（点）	
				64 以内	128 以内	256 以内	500 以内
单位				台			
总价（元）				**215.83**	**383.52**	**581.18**	**743.22**
其中	人工费（元）			215.83	383.52	578.00	740.04
	材料费（元）			—	—	—	—
	机械费（元）			—	—	3.18	3.18
名称		单位	单价（元）	消耗量			
人工	综合工日	工日	113.00	1.910	3.394	5.115	6.549
机械	中小型机械费	元	—	—	—	3.18	3.18

工作内容：接头线拆除、报警联动一体机拆除、搬运至指定地点、清理现场。

编号				1-142	1-143	1-144	1-145
项目名称				火灾报警联动一体机（落地）拆除（点）			
				1000 以内	2000 以内	5000 以内	5000 以外
单位				台			
总价（元）				**902.43**	**1213.30**	**1598.18**	**1792.54**
其中	人工费（元）			899.25	1210.12	1595.00	1789.36
	材料费（元）			—	—	—	—
	机械费（元）			3.18	3.18	3.18	3.18
名称		单位	单价（元）	消耗量			
人工	综合工日	工日	113.00	7.958	10.709	14.115	15.835
机械	中小型机械费	元	—	3.18	3.18	3.18	3.18

第三节　气体灭火系统拆除

工作内容：停泄灭火气体、管道拆除、搬运至指定地点、清理现场。

编　号				1-146	1-147	1-148
项目名称				中压加厚无缝钢管（螺纹连接）拆除		
				公称直径（mm）		
				25 以内	50 以内	80 以内
单　位				10m		
总价（元）				**53.22**	**66.22**	**91.53**
其中	人工费（元）			53.22	66.22	91.53
	材料费（元）			—	—	—
名　称		单位	单价（元）	消　耗　量		
人工	综合工日	工日	113.00	0.471	0.586	0.810

工作内容：停泄灭火气体、管件拆除、搬运至指定地点、清理现场。

编号				1-149	1-150	1-151
项目名称				无缝钢管钢制管件（螺纹连接）拆除		
				公称直径（mm）		
				25 以内	50 以内	80 以内
单位				10 个		
总价（元）				**71.98**	**133.34**	**161.36**
其中	人工费（元）			71.98	133.34	161.36
	材料费（元）			—	—	—
名称		单位	单价（元）	消耗量		
人工	综合工日	工日	113.00	0.637	1.180	1.428

工作内容：停泄灭火气体、管道拆除、搬运至指定地点、清理现场。

编　号				1-152	1-153	1-154
项目名称				中压加厚无缝钢管（法兰连接）拆除		气体驱动装置管道拆除
				公称直径（mm）		管外径（mm）
				100 以内	150 以内	14 以内
单　位				10m		
总价（元）				**364.09**	**414.03**	**57.18**
其中	人工费（元）			364.09	414.03	57.18
	材料费（元）			—	—	—
名　称		单位	单价（元）	消 耗 量		
人工	综合工日	工日	113.00	3.222	3.664	0.506

工作内容：停泄灭火气体、选择阀拆除、搬运至指定地点、清理现场。

编号				1-155	1-156	1-157	1-158
项目名称				选择阀（螺纹连接）拆除			选择阀（法兰连接）拆除
				公称直径（mm）			
				32 以内	50 以内	80 以内	100 以内
单位				个			
总价（元）				**12.88**	**21.70**	**32.66**	**56.84**
其中	人工费（元）			12.88	21.70	32.66	56.84
	材料费（元）			—	—	—	—
名称		单位	单价（元）	消耗量			
人工	综合工日	工日	113.00	0.114	0.192	0.289	0.503

工作内容：停泄灭火气体、气体喷头拆除、搬运至指定地点、清理现场。

编号				1-159	1-160
项目名称				气体喷头拆除	
				公称直径（mm）	
				25 以内	50 以内
单位				个	
总价（元）				**10.85**	**13.79**
其中	人工费（元）			10.85	13.79
	材料费（元）			—	—
名称		单位	单价（元）	消耗量	
人工	综合工日	工日	113.00	0.096	0.122

工作内容：检查和关停灭火气体，拆除支框架、系统组件、阀驱动装置、高压软管等，搬运至指定地点，清理现场。

编号				1-161	1-162	1-163	1-164	1-165	1-166
项目名称				贮存容器拆除					阀驱动装置拆除
				容积（L）					
				40 以内	70 以内	90 以内	155 以内	270 以内	4 以内
单位				套					
总价（元）				**220.86**	**316.34**	**364.03**	**559.74**	**893.88**	**107.69**
其中	人工费（元）			218.32	313.80	361.49	557.20	891.34	107.69
	材料费（元）			—	—	—	—	—	—
	机械费（元）			2.54	2.54	2.54	2.54	2.54	—
名称		单位	单价（元）	消耗量					
人工	综合工日	工日	113.00	1.932	2.777	3.199	4.931	7.888	0.953
机械	中小型机械费	元	—	2.54	2.54	2.54	2.54	2.54	—

工作内容：拆除称重检漏装置、搬运至指定地点、清理现场。

编　　号				1-167
项目名称				二氧化碳称重检测装置拆除
单　　位				套
总价(元)				**80.34**
其中	人工费(元)			80.34
	材料费(元)			—
名　　称		单位	单价(元)	消　耗　量
人工	综合工日	工日	113.00	0.711

工作内容：停泄灭火气体、气体瓶框拆除、组件拆除、搬运至指定地点、清理现场。

编号				1-168	1-169	1-170	1-171	1-172
项目名称				无管网气体灭火装置拆除				
				贮存容器容积（L）				
				40 以内	70 以内	90 以内	150 以内	240 以内
单位				套				
总价（元）				**92.83**	**163.90**	**241.08**	**282.78**	**431.94**
其中	人工费（元）			90.29	161.36	238.54	280.24	429.40
	材料费（元）			—	—	—	—	—
	机械费（元）			2.54	2.54	2.54	2.54	2.54
名称		单位	单价（元）	消耗量				
人工	综合工日	工日	113.00	0.799	1.428	2.111	2.480	3.800
机械	中小型机械费	元	—	2.54	2.54	2.54	2.54	2.54

第四节　泡沫灭火系统拆除

工作内容：检查和关停泡沫发生器、拆除泡沫发生器及相关附件等、搬运至指定地点、清理现场。

编　号				1–173	1–174	1–175	1–176	1–177
项目名称				泡沫发生器拆除（水轮机式）			泡沫发生器拆除（电动机式）	
				型号				
				PFS3	PF4PFS4	PFS10	PF20	BGP–200
单　位				台				
总价（元）				**103.68**	**118.37**	**296.75**	**518.67**	**152.49**
其中	人工费（元）			101.14	115.83	256.74	466.69	149.95
	材料费（元）			—	—	—	—	—
	机械费（元）			2.54	2.54	40.01	51.98	2.54
名　称		单位	单价（元）	消　耗　量				
人工	综合工日	工日	113.00	0.895	1.025	2.272	4.130	1.327
机械	中小型机械费	元	—	2.54	2.54	40.01	51.98	2.54

工作内容：检查和关停压力储罐式泡沫比例混合器、拆除压力储罐式泡沫比例混合器及相关附件等、搬运至指定地点、清理现场。

编号				1-178	1-179	1-180	1-181
项目名称				压力储罐式泡沫比例混合器拆除			
				型号			
				PHY32/30	PHY48/55	PHY64/76	PHY72/110
单位				台			
总价（元）				**588.33**	**720.43**	**835.57**	**1009.52**
其中	人工费（元）			528.73	648.85	763.99	917.79
	材料费（元）			—	—	—	—
	机械费（元）			59.60	71.58	71.58	91.73
名称		单位	单价（元）	消耗量			
人工	综合工日	工日	113.00	4.679	5.742	6.761	8.122
机械	中小型机械费	元	—	59.60	71.58	71.58	91.73

工作内容：检查和关停平衡压力式泡沫比例混合器、拆除平衡压力式泡沫比例混合器及相关附件等、搬运至指定地点、清理现场。

编号				1-182	1-183	1-184
项目名称				平衡压力式泡沫比例混合器拆除		
				型号		
				PHP20	PHP40	PHP80
单位				台		
总价（元）				**136.28**	**165.09**	**274.12**
其中	人工费（元）			136.28	165.09	222.61
	材料费（元）			—	—	—
	机械费（元）			—	—	51.51
名称		单位	单价（元）	消耗量		
人工	综合工日	工日	113.00	1.206	1.461	1.970
机械	中小型机械费	元	—	—	—	51.51

工作内容：检查和关停环泵负压式泡沫比例混合器、拆除环泵负压式泡沫比例混合器及相关附件等、搬运至指定地点、清理现场。

编号				1-185	1-186	1-187
项目名称				环泵负压式泡沫比例混合器拆除		
				型号		
				PH32	PH48	PH64
单位				台		
总价（元）				**71.30**	**81.59**	**86.90**
其中	人工费（元）			71.30	81.59	86.90
	材料费（元）			—	—	—
名称		单位	单价（元）	消耗量		
人工	综合工日	工日	113.00	0.631	0.722	0.769

工作内容: 检查和关停管线式负压泡沫比例混合器、拆除管线式负压泡沫比例混合器及相关附件等、搬运至指定地点、清理现场。

<table>
<tr><td colspan="4">编　　号</td><td>1–188</td></tr>
<tr><td colspan="4" rowspan="3">项目名称</td><td>管线式负压泡沫比例混合器拆除</td></tr>
<tr><td>型号</td></tr>
<tr><td>PHF</td></tr>
<tr><td colspan="4">单　　位</td><td>台</td></tr>
<tr><td colspan="4">总价（元）</td><td>27.80</td></tr>
<tr><td rowspan="2">其中</td><td colspan="3">人工费（元）</td><td>27.80</td></tr>
<tr><td colspan="3">材料费（元）</td><td>—</td></tr>
<tr><td colspan="2">名　　称</td><td>单位</td><td>单价（元）</td><td>消　耗　量</td></tr>
<tr><td>人工</td><td>综合工日</td><td>工日</td><td>113.00</td><td>0.246</td></tr>
</table>

第五节　管道支架拆除

工作内容：拆除支架及相关附件等、搬运至指定地点、清理现场。

编　　号				1-189
项目名称				管道支架拆除
单　　位				100kg
总价（元）				**32.51**
其中	人工费（元）			19.89
	材料费（元）			—
	机械费（元）			12.62
名　　称		单位	单价（元）	消　耗　量
人工	综合工日	工日	113.00	0.176
机械	中小型机械费	元	—	12.62

第二章　水灭火系统安装

说　　明

一、本章内容包括水喷淋钢管、消火栓钢管、水喷淋（雾）喷头、报警装置、水流指示器、温感式水幕装置、减压孔板、末端试水装置、集热板安装、消火栓、消防水泵接合器、灭火器、消防水炮 13 节，共 104 条基价子目。

二、工程计价时需注意的问题。

1. 钢管（法兰连接）定额，管件是按成品、弯头两端是按接短管焊法兰考虑的，定额中包括了直管、管件、法兰等全部安装工序内容，但管件、法兰及螺栓的主材数量应按实际（按设计规定）另行计算。

2. 若设计或标准要求钢管需要预安装后再次镀锌，其镀锌及场外运输另行计算。

3. 沟槽管件的相应卡箍，按实际管件形式配置数量计价。

4. 消（防）火栓管道采用无缝钢管焊接时，定额中已包括管件安装，管件（依据设计图纸数量另计本身价值）按实际计算。

5. 消火栓管道采用钢管（沟槽连接）时，执行水喷淋钢管（沟槽连接）相关项目。

6. 报警装置安装项目，定额中已包括装配管、泄放试验管及水力警铃出水管安装，水力警铃进水管按图示尺寸执行管道安装相应子目；其他报警装置适用于雨淋、干湿两用及预作用报警装置。

7. 水流指示器（马鞍形连接）项目，主材中包括胶圈、U 形卡；若设计要求水流指示器采用螺纹连接时，执行螺纹阀门相应子目。

8. 喷头、报警装置及水流指示器安装定额均按管网系统试压、冲洗合格后安装考虑的，定额中已包括丝堵、临时短管的安装、拆除及摊销。

9. 温感式水幕装置安装定额中已包括给水三通至喷头、阀门间的管道、管件、阀门、喷头等全部安装内容，但管道的主材数量按设计管道中心长度另加损耗计算；喷头数量按设计数量另加损耗计算。

10. 集热板安装项目，主材中应包括所配备的成品支架。

11. 落地组合式消防柜安装，执行室内消火栓（明装）定额项目。

12. 室外消火栓、消防水泵接合器安装，定额中包括法兰接管及弯管底座（消火栓三通）的安装，本身价值另行计算。

13. 消防水炮及模拟末端装置项目，定额中仅包括本体安装，不包括型钢底座制作、安装和混凝土基础砌筑；型钢底座制作和混凝土基础另计。

三、本章定额不包括的内容。

1. 阀门、法兰安装，各种套管的制作、安装，泵房间管道安装及其管道系统强度试验、严密性试验。

2. 室外水消防管道安装及水箱制作、安装。

3. 各种消防泵、稳压泵安装及设备二次灌浆等。

4. 各种仪表的安装及带电讯号的阀门、水流指示器、压力开关的接线、校线。

5. 各种设备支架的制作、安装。

6. 管道、设备、支架、法兰焊口除锈刷油。

7. 系统调试。

工程量计算规则

一、管道安装按设计图示管道中心线长度以“m”为计量单位。不扣除阀门、管件及各种组件所占长度。

二、管件连接分规格以“个”为计量单位。沟槽管件主材包括卡箍及密封圈以“套”为计量单位。

三、喷头、水流指示器、减压孔板、集热罩按设计图示数量计算,按安装部位、方式分规格以“个”为计量单位。

四、报警装置、室内消火栓、室外消火栓、消防水泵接合器均按设计图示数量计算。报警装置、室内外消火栓、消防水泵接合器分形式,按成套产品以“组”为计量单位,成套产品包括的内容详见附录一。

五、末端试水装置按设计图示数量计算,分规格以“组”为计量单位。

六、温感式水幕装置安装以“组”为计量单位。

七、灭火器按设计图示数量计算,分形式以“具”“组”为计量单位。

八、消防水炮按设计图示数量计算,分规格以“台”为计量单位。

第一节　水喷淋钢管

工作内容：检查及清扫管材、切管、套丝、调直、管道及管件安装、丝口刷漆、水压试验。

编号				2-001	2-002	2-003	2-004	2-005	2-006	2-007
项目名称				水喷淋钢管镀锌钢管（螺纹连接）						
				公称直径（mm）						
				25 以内	32 以内	40 以内	50 以内	65 以内	80 以内	100 以内
单位				10m						
总价（元）				**308.88**	**357.55**	**479.92**	**503.79**	**562.62**	**605.27**	**613.58**
其中	人工费（元）			295.52	340.34	457.79	481.68	536.76	575.64	582.26
	材料费（元）			10.30	11.84	14.92	15.12	19.33	21.96	24.24
	机械费（元）			3.06	5.37	7.21	6.99	6.53	7.67	7.08
名称		单位	单价（元）	消耗量						
人工	综合工日	工日	135.00	2.189	2.521	3.391	3.568	3.976	4.264	4.313
材料	镀锌钢管	m	—	(10.050)	(10.050)	(10.050)	(10.050)	(9.950)	(9.950)	(9.950)
	镀锌钢管接头管件 *DN*25	个	—	(5.900)	—	—	—	—	—	—
	镀锌钢管接头管件 *DN*32	个	—	—	(6.870)	—	—	—	—	—
	镀锌钢管接头管件 *DN*40	个	—	—	—	(8.610)	—	—	—	—
	镀锌钢管接头管件 *DN*50	个	—	—	—	—	(8.080)	—	—	—
	镀锌钢管接头管件 *DN*65	个	—	—	—	—	—	(7.560)	—	—

编号				2-001	2-002	2-003	2-004	2-005	2-006	2-007
项目名称				水喷淋钢管镀锌钢管（螺纹连接）						
				公称直径（mm）						
				25 以内	32 以内	40 以内	50 以内	65 以内	80 以内	100 以内
单位				10m						
名称		单位	单价（元）	消耗量						
材料	镀锌钢管接头管件 *DN*80	个	—	—	—	—	—	—	（7.410）	—
	镀锌钢管接头管件 *DN*100	个	—	—	—	—	—	—	—	（5.200）
	热轧厚钢板 δ8.0~20.0	kg	5.16	0.490	0.490	0.490	0.490	0.490	0.490	—
	压力表 0~1.6MPa（带弯带阀）	套	21.63	0.020	0.020	0.020	0.020	0.020	0.020	0.020
	棉纱头	kg	16.11	0.240	0.280	0.280	0.300	0.380	0.420	0.490
	银粉漆	kg	22.81	0.021	0.021	0.027	0.033	0.025	0.025	0.025
	尼龙砂轮片 *D*500×25×4	片	18.69	0.120	0.150	0.260	0.240	0.360	0.400	—
	铅油（厚漆）	kg	11.17	0.061	0.088	0.160	0.170	0.240	0.340	0.350
	线麻	kg	11.36	0.006	0.009	0.016	0.017	0.024	0.034	0.035
	镀锌钢丝 *D*2.8~4.0	kg	6.91	—	—	—	—	—	—	0.080
	热轧厚钢板 δ12~20	kg	5.04	—	—	—	—	—	—	0.490
	机油	kg	7.21	—	—	—	—	—	—	0.070
	尼龙砂轮片 *D*400	片	15.64	—	—	—	—	—	—	0.480
机械	中小型机械费	元	—	3.06	5.37	7.21	6.99	6.53	7.67	7.08

工作内容：检查及清扫管材、切管、坡口、对口、调直、焊接法兰、紧螺栓、加垫、管道及管件预安装、拆卸、二次安装，水压试验。

编号				2-008	2-009	2-010	2-011	2-012	2-013	2-014	2-015
项目名称				水喷淋钢管（法兰连接）							
				公称直径（mm）							
				100 以内	125 以内	150 以内	200 以内	250 以内	300 以内	350 以内	400 以内
单位				10m							
总价（元）				**969.72**	**961.60**	**1072.67**	**1509.56**	**1711.31**	**1981.37**	**2386.17**	**2707.37**
其中	人工费（元）			867.24	822.02	883.58	1179.90	1288.17	1488.11	1680.89	1908.50
	材料费（元）			52.63	73.19	102.57	141.71	162.43	184.56	245.22	276.89
	机械费（元）			49.85	66.39	86.52	187.95	260.71	308.70	460.06	521.98
名称		单位	单价（元）	消耗量							
人工	综合工日	工日	135.00	6.424	6.089	6.545	8.740	9.542	11.023	12.451	14.137
材料	钢管	m	—	（10.000）	（10.000）	（10.000）	（10.000）	（9.950）	（9.950）	（9.950）	（9.950）
	热轧厚钢板 δ12~20	kg	5.04	0.490	1.476	1.476	1.476	2.324	2.324	2.842	2.842
	低碳钢焊条 J427 *D*3.2	kg	3.60	1.650	2.205	2.865	5.940	8.370	9.945	14.835	16.755
	石棉橡胶板 低压 δ0.8~6.0	kg	19.35	1.368	1.587	1.932	2.277	2.054	2.280	3.094	3.767
	氧气	m^3	2.88	1.110	1.670	2.090	3.470	4.130	4.794	6.558	7.421
	乙炔气	m^3	16.13	0.396	0.596	0.746	1.239	1.475	1.710	2.340	2.650
	棉纱头	kg	16.11	0.072	0.087	0.104	0.138	0.118	0.204	0.237	0.268
	尼龙砂轮片 *D*400	片	15.64	0.420	0.680	1.730	2.300	2.710	3.030	3.600	3.840
	压力表 0~1.6MPa（带弯带阀）	套	21.63	0.020	0.030	0.030	0.030	0.040	0.040	0.040	0.040
机械	中小型机械费	元	—	49.85	66.39	86.52	187.95	260.71	308.70	460.06	521.98

工作内容：检查及清扫管材、切管、压槽、对口、调直、涂抹润滑剂、上胶圈、安装卡箍件、紧螺栓、水压试验。

编号				2-016	2-017	2-018	2-019	2-020	2-021	2-022	2-023
项目名称				水喷淋钢管管道（沟槽连接）							
				公称直径（mm）							
				65 以内	80 以内	100 以内	125 以内	150 以内	200 以内	250 以内	300 以内
单位				10m							
总价（元）				**316.25**	**348.46**	**375.07**	**438.78**	**469.97**	**514.99**	**642.70**	**727.00**
其中	人工费（元）			308.61	340.20	365.99	423.63	453.60	492.35	606.56	689.99
	材料费（元）			5.91	6.24	6.81	12.38	12.80	13.70	21.86	22.73
	机械费（元）			1.73	2.02	2.27	2.77	3.57	8.94	14.28	14.28
名称		单位	单价（元）	消耗量							
人工	综合工日	工日	135.00	2.286	2.520	2.711	3.138	3.360	3.647	4.493	5.111
材料	钢管	m	—	(10.150)	(10.150)	(10.150)	(10.100)	(10.100)	(10.100)	(10.100)	(10.100)
	沟槽直接头（含胶圈）	套	—	(1.667)	(1.667)	(1.667)	(1.667)	(1.667)	(1.667)	(1.667)	(1.667)
	热轧厚钢板 δ12~20	kg	5.04	0.490	0.490	0.490	1.476	1.476	1.476	2.324	2.324
	镀锌钢丝 D2.8~4.0	kg	6.91	—	—	—	—	—	—	0.080	0.080
	机油	kg	7.21	—	—	—	—	—	—	0.081	0.089
	润滑剂	kg	4.04	—	—	—	—	—	—	0.053	0.058
	压力表 0~1.6MPa（带弯带阀）	套	21.63	0.020	0.020	0.020	0.030	0.030	0.030	0.040	0.040
	棉纱头	kg	16.11	0.047	0.056	0.072	0.087	0.104	0.134	0.172	0.189
	尼龙砂轮片 D400	片	15.64	0.144	0.156	0.176	0.185	0.194	0.221	0.330	0.363
机械	中小型机械费	元	—	1.73	2.02	2.27	2.77	3.57	8.94	14.28	14.28

工作内容：外观检查、切管、压槽、对口、涂抹润滑剂、上胶圈、安装卡箍件、紧螺栓。

编号				2-024	2-025	2-026	2-027	2-028	2-029	2-030	2-031
项目名称				水喷淋钢管管件安装（沟槽连接）							
				公称直径（mm）							
				65 以内	80 以内	100 以内	125 以内	150 以内	200 以内	250 以内	300 以内
单位				10 个							
总价（元）				**333.02**	**369.24**	**425.74**	**632.69**	**715.17**	**990.69**	**1460.00**	**1551.95**
其中	人工费（元）			312.39	345.06	399.20	600.89	677.70	946.76	1410.75	1500.12
	材料费（元）			6.18	6.78	7.13	7.70	8.36	9.89	10.69	11.23
	机械费（元）			14.45	17.40	19.41	24.10	29.11	34.04	38.56	40.60
名称		单位	单价（元）	消耗量							
人工	综合工日	工日	135.00	2.314	2.556	2.957	4.451	5.020	7.013	10.450	11.112
材料	沟槽管件	套	—	（10.050）	（10.050）	（10.050）	（10.050）	（10.050）	（10.050）	—	—
	钢制管件	个	—	—	—	—	—	—	—	（10.050）	（10.050）
	润滑剂	kg	4.04	0.080	0.100	0.112	0.115	0.164	0.204	0.264	0.277
	机油	kg	7.21	0.023	0.032	0.036	0.045	0.054	0.072	0.081	0.085
	尼龙砂轮片 *D*400	片	15.64	0.333	0.357	0.370	0.385	0.400	0.460	0.478	0.502
	棉纱头	kg	16.11	0.030	0.035	0.039	0.055	0.065	0.084	0.097	0.102
机械	中小型机械费	元	—	14.45	17.40	19.41	24.10	29.11	34.04	38.56	40.60

第二节　消火栓钢管

工作内容：检查及清扫管材、切管、套丝、调直、管道及管件安装、丝口刷漆、水压试验。

编　号				2-032	2-033	2-034	2-035
项目名称				消火栓镀锌钢管（螺纹连接）			
				公称直径（mm）			
				50 以内	65 以内	80 以内	100 以内
单　位				10m			
总价（元）				428.26	481.86	472.08	506.08
其中	人工费（元）			421.88	466.43	456.98	490.05
	材料费（元）			6.00	10.02	10.44	11.39
	机械费（元）			0.38	5.41	4.66	4.64
名　称		单位	单价（元）	消　耗　量			
人工	综合工日	工日	135.00	3.125	3.455	3.385	3.630
材料	镀锌钢管	m	—	（10.050）	（10.050）	（10.050）	（10.050）
	镀锌钢管接头管件 *DN*50	个	—	（6.570）	—	—	—
	镀锌钢管接头管件 *DN*65	个	—	—	（5.960）	—	—
	镀锌钢管接头管件 *DN*80	个	—	—	—	（4.240）	—
	镀锌钢管接头管件 *DN*100	个	—	—	—	—	（3.870）
	铅油（厚漆）	kg	11.17	0.140	0.190	0.200	0.260
	线麻	kg	11.36	0.014	0.019	0.020	0.026
	热轧厚钢板 δ12~20	kg	5.04	0.306	0.490	0.490	0.490
	压力表 0~1.6MPa（带弯带阀）	套	21.63	0.020	0.020	0.020	0.020
	棉纱头	kg	16.11	0.038	0.013	0.013	0.013
	尼龙砂轮片 *D*400	片	15.64	0.108	0.292	0.311	0.325
机械	中小型机械费	元	—	0.38	5.41	4.66	4.64

工作内容：检查及清扫管材、坡口、揻弯、对口、调直、管道及管件连接、水压试验。

编号				2-036	2-037	2-038	2-039	2-040	2-041
项目名称				消火栓无缝钢管(焊接)					
				管外径(mm)					
				76 以内	89 以内	108 以内	133 以内	159 以内	219 以内
单位				10m					
总价(元)				**438.75**	**485.30**	**519.05**	**579.63**	**624.13**	**739.39**
其中	人工费(元)			392.58	433.89	449.01	483.44	502.74	591.84
	材料费(元)			24.30	27.16	36.73	51.83	63.75	75.08
	机械费(元)			21.87	24.25	33.31	44.36	57.64	72.47
名称		单位	单价(元)	消耗量					
人工	综合工日	工日	135.00	2.908	3.214	3.326	3.581	3.724	4.384
材料	无缝钢管(综合)	m	—	(10.100)	(10.100)	(10.100)	(10.100)	(10.100)	(10.100)
	镀锌钢丝 *D*2.8~4.0	kg	6.91	0.570	0.570	0.570	1.556	1.556	1.556
	热轧薄钢板 δ3.5~4.0	kg	3.72	0.100	0.100	0.100	0.140	0.140	0.140
	低碳钢焊条 J427 *D*3.2	kg	3.60	0.720	0.800	1.100	1.470	1.910	2.230
	氧气	m^3	2.88	1.010	1.190	1.476	1.762	2.182	2.602
	乙炔气	m^3	16.13	0.388	0.458	0.568	0.678	0.839	1.001
	压力表 0~1.6MPa(带弯带阀)	套	21.63	0.020	0.020	0.020	0.030	0.030	0.030
	棉纱头	kg	16.11	0.047	0.056	0.072	0.087	0.104	0.110
	尼龙砂轮片 *D*400	片	15.64	0.450	0.500	0.860	1.100	1.500	1.900
机械	中小型机械费	元	—	21.87	24.25	33.31	44.36	57.64	72.47

第三节　水喷淋(雾)喷头

工作内容:外观检查、管口套丝、管件安装、丝堵拆装、喷头追位及安装、装饰盘安装、喷头外观清洁。

编　号				2-042	2-043	2-044	2-045	2-046	2-047
项目名称				水喷淋(雾)喷头					
				无吊顶			有吊顶		
				公称直径(mm)					
				15 以内	20 以内	25 以内	15 以内	20 以内	25 以内
单　位				个					
总价(元)				**20.49**	**21.06**	**22.65**	**31.91**	**32.86**	**36.68**
其中	人工费(元)			17.01	17.28	17.69	22.95	23.49	23.76
	材料费(元)			3.33	3.63	4.81	8.59	9.00	12.55
	机械费(元)			0.15	0.15	0.15	0.37	0.37	0.37
名　称		单位	单价(元)	消　耗　量					
人工	综合工日	工日	135.00	0.126	0.128	0.131	0.170	0.174	0.176
材料	喷头	个	—	(1.010)	(1.010)	(1.010)	(1.010)	(1.010)	(1.010)
	喷头装饰盘	个	—	—	—	—	(1.010)	(1.010)	(1.010)
	镀锌弯头 *DN*25	个	2.24	—	—	—	2.020	2.020	—
	镀锌弯头 *DN*32	个	3.42	—	—	—	—	—	2.020
	镀锌异径管箍 *DN*25×15	个	1.69	1.010	—	—	1.010	—	—
	镀锌异径管箍 *DN*25×20	个	1.86	—	1.010	—	—	1.010	—
	镀锌异径管箍 *DN*32×25	个	2.65	—	—	1.010	—	—	1.010
	镀锌丝堵 *DN*15(堵头)	个	0.73	1.000	—	—	1.000	—	—
	镀锌丝堵 *DN*20(堵头)	个	0.81	—	1.000	—	—	1.000	—
	镀锌丝堵 *DN*25(堵头)	个	1.16	—	—	1.000	—	—	1.000
	聚四氟乙烯生料 带宽 20	m	1.15	0.642	0.642	0.642	1.280	1.280	1.280
	尼龙砂轮片 *D*400	片	15.64	0.010	0.013	0.015	0.010	0.020	0.021
机械	中小型机械费	元	—	0.15	0.15	0.15	0.37	0.37	0.37

第四节 报警装置

工作内容：部件外观检查、切管、坡口、组对、法兰安装、紧螺栓、临时短管装拆、整体组装、部件及配管安装、报警阀泄放试验管安装、报警装置调试。

编号				2-048	2-049	2-050
项目名称				湿式报警装置		
				公称直径（mm）		
				100 以内	150 以内	200 以内
单位				组		
总价（元）				**733.70**	**823.74**	**1005.44**
其中	人工费（元）			626.94	700.52	867.24
	材料费（元）			105.13	121.20	135.76
	机械费（元）			1.63	2.02	2.44
名称		单位	单价（元）	消耗量		
人工	综合工日	工日	135.00	4.644	5.189	6.424
材料	湿式报警装置	套	—	（1.000）	（1.000）	（1.000）
	沟槽法兰（1.6MPa 以下）	片	—	（2.000）	（2.000）	（2.000）
	镀锌钢管 *DN*50	m	24.59	2.000	2.000	2.000
	镀锌钢管 *DN*20	m	8.60	2.000	2.000	2.000
	镀锌弯头 *DN*50	个	6.74	2.020	2.020	2.020
	镀锌弯头 *DN*20	个	1.54	2.020	2.020	2.020
	镀锌六角螺栓带螺母 2 平垫 1 弹垫 M16×100 以内	10 套	7.66	1.648	—	—
	镀锌六角螺栓带螺母 2 平垫 1 弹垫 M20×100 以内	10 套	14.00	—	1.648	2.472
	石棉橡胶板 低压 δ0.8~6.0	kg	19.35	0.350	0.550	0.660
	铅油（厚漆）	kg	11.17	0.150	0.280	0.340
	线麻	kg	11.36	0.015	0.028	0.034
	尼龙砂轮片 *D*400	片	15.64	0.050	0.060	0.070
机械	中小型机械费	元	—	1.63	2.02	2.44

工作内容：部件外观检查、切管、坡口、组对、法兰安装、紧螺栓、临时短管装拆、整体组装、部件及配管安装、报警阀泄放试验管安装、报警装置调试。

编号				2-051	2-052	2-053
项目名称				其他报警装置		
				公称直径（mm）		
				100 以内	150 以内	200 以内
单位				组		
总价（元）				**859.25**	**963.73**	**1178.78**
其中	人工费（元）			752.49	840.51	1040.58
	材料费（元）			105.13	121.20	135.76
	机械费（元）			1.63	2.02	2.44
名称		单位	单价（元）	消耗量		
人工	综合工日	工日	135.00	5.574	6.226	7.708
材料	报警装置	套	—	（1.000）	（1.000）	（1.000）
	沟槽法兰（1.6MPa 以下）	片	—	（2.000）	（2.000）	（2.000）
	镀锌钢管 *DN*20	m	8.60	2.000	2.000	2.000
	镀锌钢管 *DN*50	m	24.59	2.000	2.000	2.000
	镀锌弯头 *DN*20	个	1.54	2.020	2.020	2.020
	镀锌弯头 *DN*50	个	6.74	2.020	2.020	2.020
	镀锌六角螺栓带螺母 2 平垫 1 弹垫 M16×100 以内	10 套	7.66	1.648	—	—
	镀锌六角螺栓带螺母 2 平垫 1 弹垫 M20×100 以内	10 套	14.00	—	1.648	2.472
	石棉橡胶板 低压 δ0.8~6.0	kg	19.35	0.350	0.550	0.660
	铅油（厚漆）	kg	11.17	0.150	0.280	0.340
	线麻	kg	11.36	0.015	0.028	0.034
	尼龙砂轮片 *D*400	片	15.64	0.050	0.060	0.070
机械	中小型机械费	元	—	1.63	2.02	2.44

第五节　水流指示器

工作内容：外观检查、功能检测、切管、坡口、法兰安装、紧螺栓、临时短管装拆、安装及调试、试验后复位。

编号				2-054	2-055	2-056	2-057	2-058
项目名称				水流指示器（沟槽法兰连接）				
				公称直径（mm）				
				50 以内	80 以内	100 以内	150 以内	200 以内
单位				个				
总价（元）				**113.20**	**154.33**	**183.32**	**265.44**	**353.73**
其中	人工费（元）			102.33	133.65	160.52	226.26	299.57
	材料费（元）			10.32	19.84	21.96	37.95	52.51
	机械费（元）			0.55	0.84	0.84	1.23	1.65
名称		单位	单价（元）	消耗量				
人工	综合工日	工日	135.00	0.758	0.990	1.189	1.676	2.219
材料	水流指示器	个	—	(1.000)	(1.000)	(1.000)	(1.000)	(1.000)
	沟槽法兰（1.6MPa 以下）	片	—	(2.000)	(2.000)	(2.000)	(2.000)	(2.000)
	镀锌六角螺栓带螺母 2 平垫 1 弹垫 M16×100 以内	10 套	7.66	0.824	1.648	1.648	—	—
	镀锌六角螺栓带螺母 2 平垫 1 弹垫 M20×100 以内	10 套	14.00	—	—	—	1.648	2.472
	石棉橡胶板 低压 δ0.8~6.0	kg	19.35	0.140	0.260	0.350	0.550	0.660
	铅油（厚漆）	kg	11.17	0.080	0.120	0.150	0.280	0.340
	尼龙砂轮片 *D*400	片	15.64	0.026	0.054	0.057	0.071	0.085
机械	中小型机械费	元	—	0.55	0.84	0.84	1.23	1.65

工作内容：外观检查、功能检测、开孔、安装、紧螺栓、卡子固定、调整、试验后复位。

编号					2-059	2-060	2-061	2-062	2-063
项目名称					水流指示器（马鞍形连接）				
					公称直径（mm）				
					50 以内	80 以内	100 以内	150 以内	200 以内
单位					个				
总价（元）					**47.58**	**51.47**	**53.78**	**76.73**	**95.36**
其中	人工费（元）				46.04	49.41	51.71	73.17	90.72
	材料费（元）				0.10	0.21	0.22	0.28	0.33
	机械费（元）				1.44	1.85	1.85	3.28	4.31
名称		单位	单价（元）		消耗量				
人工	综合工日	工日	135.00		0.341	0.366	0.383	0.542	0.672
材料	水流指示器	个	—		（1.000）	（1.000）	（1.000）	（1.000）	（1.000）
	尼龙砂轮片 *D*100	片	3.92		0.026	0.054	0.057	0.071	0.085
机械	中小型机械费	元	—		1.44	1.85	1.85	3.28	4.31

第六节　温感式水幕装置

工作内容：管件检查、切管、套丝、上零件、管道安装、本体组装、球阀及喷头安装、调试。

编　号				2-064	2-065	2-066	2-067	2-068
项目名称				温感式水幕装置				
				公称直径（mm）				
				20 以内	25 以内	32 以内	40 以内	50 以内
单　位				组				
总价（元）				**197.21**	**306.15**	**416.53**	**597.21**	**881.45**
其中	人工费（元）			168.48	257.58	325.08	482.63	579.96
	材料费（元）			24.91	43.80	83.30	107.11	290.13
	机械费（元）			3.82	4.77	8.15	7.47	11.36
名　称		单位	单价（元）	消　耗　量				
人工	综合工日	工日	135.00	1.248	1.908	2.408	3.575	4.296
材料	ZSPD 型输出控制器	个	—	（1.000）	（1.000）	（1.000）	（1.000）	（1.000）
	球阀（带铅封）	个	—	（1.010）	（1.010）	（1.010）	（1.010）	（1.010）
	温感雨淋阀	个	—	（1.000）	（1.000）	（1.000）	（1.000）	（1.000）
	镀锌管箍 *DN*20	个	1.12	1.010	—	—	—	—
	镀锌管箍 *DN*25	个	1.67	—	1.010	—	—	—
	镀锌管箍 *DN*32	个	2.14	—	—	1.010	—	—
	镀锌管箍 *DN*40	个	3.14	—	—	—	1.010	—
	镀锌管箍 *DN*50	个	3.99	—	—	—	—	1.010
	镀锌活接头 *DN*20	个	3.37	1.010	—	—	—	—
	镀锌活接头 *DN*25	个	4.71	—	1.010	—	—	—
	镀锌活接头 *DN*32	个	6.40	—	—	1.010	—	—
	镀锌活接头 *DN*40	个	9.16	—	—	—	1.010	—
	镀锌活接头 *DN*50	个	12.00	—	—	—	—	1.010
	镀锌三通 *DN*20	个	2.05	1.010	—	—	—	—
	镀锌三通 *DN*25	个	3.05	—	1.010	—	—	—

续前

编号				2-064	2-065	2-066	2-067	2-068
项目名称				温感式水幕装置				
				公称直径（mm）				
				20 以内	25 以内	32 以内	40 以内	50 以内
单位				组				
名称		单位	单价（元）	消耗量				
材料	镀锌三通 *DN*32	个	5.08	—	—	1.010	—	—
	镀锌三通 *DN*40	个	6.06	—	—	—	1.010	—
	镀锌三通 *DN*50	个	8.84	—	—	—	—	1.010
	镀锌异径三通 *DN*20×15	个	2.34	1.010	—	—	—	—
	镀锌异径三通 *DN*25×15	个	3.40	—	3.030	—	—	—
	镀锌异径三通 *DN*32×15	个	5.52	—	—	4.040	—	—
	镀锌异径三通 *DN*40×15	个	10.20	—	—	—	5.050	—
	镀锌异径三通 *DN*50×15	个	29.84	—	—	—	—	7.070
	镀锌弯头 *DN*20	个	1.54	4.040	—	—	—	—
	镀锌弯头 *DN*25	个	2.24	—	4.040	—	—	—
	镀锌弯头 *DN*32	个	3.42	—	—	8.080	—	—
	镀锌弯头 *DN*40	个	4.40	—	—	—	3.030	—
	镀锌弯头 *DN*50	个	6.74	—	—	—	—	3.030
	镀锌弯头 *DN*20×15	个	1.88	1.010	—	—	—	—
	镀锌弯头 *DN*25×15	个	2.89	—	1.010	—	—	—
	镀锌弯头 *DN*32×15	个	3.42	—	—	1.010	—	—
	镀锌弯头 *DN*40×15	个	5.47	—	—	—	1.010	—
	镀锌弯头 *DN*50×15	个	6.74	—	—	—	—	1.010
	尼龙砂轮片 *D*400	片	15.64	0.132	0.208	0.252	0.315	0.442
	机油	kg	7.21	0.069	0.086	0.093	0.121	0.161
	聚四氟乙烯生料 带宽 20	m	1.15	3.942	6.200	8.736	9.046	13.568
	棉纱头	kg	16.11	0.045	0.062	0.093	0.124	0.197
机械	中小型机械费	元	—	3.82	4.77	8.15	7.47	11.36

第七节 减 压 孔 板

工作内容: 外观检查、切管、坡口、焊法兰、减压孔板预安装、拆除、二次安装。

编号				2-069	2-070	2-071	2-072	2-073
项目名称				减压孔板				
				公称直径(mm)				
				50 以内	65 以内	80 以内	100 以内	150 以内
单位				个				
总价(元)				**75.00**	**93.47**	**109.71**	**127.42**	**149.82**
其中	人工费(元)			60.21	75.33	84.38	96.53	109.89
	材料费(元)			8.78	10.57	16.58	19.69	26.51
	机械费(元)			6.01	7.57	8.75	11.20	13.42
名称		单位	单价(元)	消耗量				
人工	综合工日	工日	135.00	0.446	0.558	0.625	0.715	0.814
材料	减压孔板	个	—	(1.000)	(1.000)	(1.000)	(1.000)	(1.000)
	平焊法兰	片	—	(2.000)	(2.000)	(2.000)	(2.000)	(2.000)
	石棉橡胶板 低压 δ0.8~6.0	kg	19.35	0.210	0.270	0.390	0.510	0.810
	低碳钢焊条 J427 *D*3.2	kg	3.60	0.133	0.237	0.271	0.363	0.474
	尼龙砂轮片 *D*100	片	3.92	0.068	0.086	0.100	0.128	0.188
	尼龙砂轮片 *D*400	片	15.64	0.026	0.038	0.045	0.057	0.071
	汽油 $70^{\#}$~$90^{\#}$	kg	8.08	0.050	0.050	0.080	0.100	0.120
	镀锌六角螺栓带螺母 2 垫圈 M16×(85~140)	10 套	7.66	0.412	0.412	0.824	0.824	0.824
机械	中小型机械费	元	—	6.01	7.57	8.75	11.20	13.42

第八节　末端试水装置

工作内容：外观检查、切管、套丝、上零件、整体组装、一次水压试验、放水试验。

编　　号				2-074	2-075
项目名称				末端试水装置	
				公称直径（mm）	
				25 以内	32 以内
单　　位				组	
总价（元）				**216.43**	**240.50**
其中	人工费（元）			203.85	222.75
	材料费（元）			11.26	15.71
	机械费（元）			1.32	2.04
名　　称		单位	单价（元）	消　耗　量	
人工	综合工日	工日	135.00	1.510	1.650
材料	球阀 *DN*25 1.6MPa	个	—	（2.020）	—
	球阀 *DN*32 1.6MPa	个	—	—	（2.020）
	压力表 0~2.5MPa *D*50（带表弯）	套	—	（1.000）	（1.000）
	接头 *DN*25	个	4.71	1.010	—
	接头 *DN*32	个	6.40	—	1.010
	镀锌三通 *DN*25	个	3.05	1.010	—
	镀锌三通 *DN*32	个	5.08	—	1.010
	聚四氟乙烯生料 带宽 20	m	1.15	2.108	2.600
	尼龙砂轮片 *D*400	片	15.64	0.064	0.072
机械	中小型机械费	元	—	1.32	2.04

第九节　集热板安装

工作内容：支架安装、整体安装固定等。

编　　号				2–076
项目名称				集热板安装
单　　位				套
总价（元）				**26.16**
其中	人工费（元）			25.92
	材料费（元）			0.24
名　　称		单位	单价（元）	消　耗　量
人工	综合工日	工日	135.00	0.192
材料	不锈钢集热罩	套	—	（1.000）
	棉纱头	kg	16.11	0.015

第十节 消 火 栓

工作内容：外观检查、切管、套丝、箱体及消火栓安装、附件安装、水压试验。

编 号				2-077	2-078	2-079	2-080
项目名称				室内消火栓（明装）			
				普通		带自救卷盘	
				公称直径（mm）			
				单栓 65 以内	双栓 65 以内	单栓 65 以内	双栓 65 以内
单 位				套			
总价（元）				**141.11**	**179.49**	**168.00**	**213.65**
其中	人工费（元）			133.92	170.91	160.65	205.07
	材料费（元）			6.88	8.07	7.04	8.07
	机械费（元）			0.31	0.51	0.31	0.51
名 称		单位	单价（元）	消 耗 量			
人工	综合工日	工日	135.00	0.992	1.266	1.190	1.519
材料	室内消火栓	套	—	（1.000）	（1.000）	（1.000）	（1.000）
	扁钢 60mm 以内	kg	3.67	0.617	0.700	0.659	0.700
	膨胀螺栓 M8	10 套	5.50	0.412	0.412	0.412	0.412
	聚四氟乙烯生料 带宽 20	m	1.15	1.680	2.240	1.680	2.240
	尼龙砂轮片 *D*400	片	15.64	0.027	0.042	0.027	0.042
机械	中小型机械费	元	—	0.31	0.51	0.31	0.51

工作内容：外观检查、切管、套丝、箱体及消火栓安装、附件安装、水压试验。

编号				2-081	2-082	2-083	2-084
项目名称				室内消火栓（暗装）			
				普通		带自救卷盘	
				公称直径（mm）			
				单栓 65 以内	双栓 65 以内	单栓 65 以内	双栓 65 以内
单位				套			
总价（元）				**160.18**	**204.19**	**191.10**	**243.61**
其中	人工费（元）			155.25	198.18	186.17	237.60
	材料费（元）			4.62	5.50	4.62	5.50
	机械费（元）			0.31	0.51	0.31	0.51
名称		单位	单价（元）	消耗量			
人工	综合工日	工日	135.00	1.150	1.468	1.379	1.760
材料	室内消火栓	套	—	（1.000）	（1.000）	（1.000）	（1.000）
	膨胀螺栓 M8	10 套	5.50	0.412	0.412	0.412	0.412
	聚四氟乙烯生料 带宽 20	m	1.15	1.680	2.240	1.680	2.240
	尼龙砂轮片 *D*400	片	15.64	0.027	0.042	0.027	0.042
机械	中小型机械费	元	—	0.31	0.51	0.31	0.51

工作内容：砌支墩、外观检查、管口除沥青、法兰连接、紧螺栓、消火栓安装。

编　号				2-085	2-086	2-087	2-088
项目名称				室外地下式消火栓			
				公称直径 100mm		公称直径 150mm	
				支管上安装	干管上安装	支管上安装	干管上安装
单　位				套			
总价（元）				**252.00**	**319.61**	**300.28**	**392.53**
其中	人工费（元）			123.80	129.87	142.70	149.85
	材料费（元）			122.64	181.14	152.02	234.08
	机械费（元）			5.56	8.60	5.56	8.60
名　称		单位	单价（元）	消　耗　量			
人工	综合工日	工日	135.00	0.917	0.962	1.057	1.110
材料	地下式消火栓	套	—	（1.000）	（1.000）	（1.000）	（1.000）
	消防栓底座 *DN*100（带弯头）	个	—	（1.000）	—	（1.000）	—
	消火栓三通	个	—	—	（1.000）	—	（1.000）
	平焊法兰 1.0MPa *DN*100	片	33.50	2.000	—	—	—
	平焊法兰 1.0MPa *DN*150	片	52.80	—	2.000	—	—
	平焊法兰 1.6MPa *DN*100	片	48.19	—	—	2.000	—
	平焊法兰 1.6MPa *DN*150	片	79.27	—	—	—	2.000
	镀锌六角螺栓带螺母 2平垫 1弹垫 M16×100以内	10套	7.66	1.648	—	1.648	—
	镀锌六角螺栓带螺母 2平垫 1弹垫 M20×100以内	10套	14.00	—	1.648	—	1.648
	低碳钢焊条 J427 *D*3.2	kg	3.60	0.221	0.290	0.221	0.290
	石棉橡胶板 低压 δ0.8~6.0	kg	19.35	0.173	0.276	0.173	0.276
	黑玛钢堵头 *DN*15	个	0.60	1.010	1.010	1.010	1.010
	混凝土 C20	m^3	450.56	0.011	0.027	0.011	0.027
	卵石	m^3	66.63	0.500	0.500	0.500	0.500
机械	中小型机械费	元	—	5.56	8.60	5.56	8.60

工作内容: 砌支墩、外观检查、管口除沥青、法兰连接、紧螺栓、消火栓安装。

编　　号				2-089	2-090	2-091	2-092
项目名称				室外地上式消火栓			
				公称直径 100mm		公称直径 150mm	
				支管上安装	干管上安装	支管上安装	干管上安装
单　　位				套			
总价(元)				**319.06**	**358.13**	**456.78**	**495.05**
其中	人工费(元)			160.38	185.49	219.51	243.81
	材料费(元)			153.12	167.08	228.67	242.64
	机械费(元)			5.56	5.56	8.60	8.60
名　　称		单位	单价(元)	消　耗　量			
人工	综合工日	工日	135.00	1.188	1.374	1.626	1.806
材料	地上式消火栓	套	—	(1.000)	(1.000)	(1.000)	(1.000)
	消防栓底座 *DN*100(带弯头)	个	—	(1.000)	—	(1.000)	—
	消火栓三通	个	—	—	(1.000)	—	(1.000)
	平焊法兰 1.6MPa *DN*100	片	48.19	2.000	2.000	—	—
	平焊法兰 1.6MPa *DN*150	片	79.27	—	—	2.000	2.000
	氧气	m^3	2.88	0.103	0.103	0.172	0.172
	低碳钢焊条 J427 *D*3.2	kg	3.60	0.221	0.221	0.290	0.290
	乙炔气	kg	14.66	0.040	0.040	0.066	0.066
	镀锌六角螺栓带螺母 2 平垫 1 弹垫 M16×100 以内	10 套	7.66	1.648	1.648	—	—
	石棉橡胶板 低压 δ0.8~6.0	kg	19.35	0.173	0.173	0.280	0.280
	棉纱头	kg	16.11	0.013	0.013	0.016	0.016
	镀锌六角螺栓带螺母 2 平垫 1 弹垫 M20×100 以内	10 套	14.00	—	—	1.648	1.648
	黑玛钢堵头 *DN*15	个	0.60	1.010	1.010	1.010	1.010
	混凝土 C20	m^3	450.56	0.011	0.042	0.011	0.042
	卵石	m^3	66.63	0.500	0.500	0.500	0.500
机械	中小型机械费	元	—	5.56	5.56	8.60	8.60

第十一节　消防水泵接合器

工作内容：砌支墩、外观检查、切管、法兰连接、紧螺栓、整体安装、充水试验。

编　号				2-093	2-094	2-095	2-096	2-097	2-098
项目名称				消防水泵接合器					
				地下式		墙壁式		地上式	
				*DN*100	*DN*150	*DN*100	*DN*150	*DN*100	*DN*150
单　位				套					
总价(元)				**353.02**	**471.99**	**568.54**	**712.18**	**504.52**	**643.84**
其中	人工费(元)			176.85	213.71	236.79	296.19	338.58	393.66
	材料费(元)			170.61	249.68	326.19	407.39	160.38	241.58
	机械费(元)			5.56	8.60	5.56	8.60	5.56	8.60
名　称		单位	单价(元)	消　耗　量					
人工	综合工日	工日	135.00	1.310	1.583	1.754	2.194	2.508	2.916
材料	消防水泵接合器	套	—	(1.000)	(1.000)	(1.000)	(1.000)	(1.000)	(1.000)
	螺纹截止阀 J11T-16 *DN*25	个	20.30	1.010	1.010	1.010	1.010	1.010	1.010
	镀锌钢管 *DN*25	m	12.56	0.400	0.400	0.200	0.200	0.200	0.200
	平焊法兰 1.6MPa *DN*100	片	48.19	2.000	—	2.000	—	2.000	—
	平焊法兰 1.6MPa *DN*150	片	79.27	—	2.000	—	2.000	—	2.000
	镀锌六角螺栓带螺母 2平垫 1弹垫 M16×100以内	10套	7.66	1.648	—	1.648	—	1.648	—
	镀锌六角螺栓带螺母 2平垫 1弹垫 M20×100以内	10套	14.00	—	1.648	—	1.648	—	1.648
	膨胀螺栓 M16	10套	40.90	—	—	4.120	4.120	—	—
	低碳钢焊条 J427 *D*3.2	kg	3.60	0.221	0.290	0.221	0.290	0.221	0.290
	石棉橡胶板 低压 δ0.8~6.0	kg	19.35	0.520	0.830	0.680	1.100	0.680	1.100
	尼龙砂轮片 *D*400	片	15.64	0.057	0.071	0.057	0.071	0.057	0.071
	混凝土 C20	m^3	450.56	0.054	0.054	0.024	0.024	0.030	0.030
机械	中小型机械费	元	—	5.56	8.60	5.56	8.60	5.56	8.60

第十二节 灭 火 器

工作内容: 外观检查、压力表测试、灭火器及箱体搬运、就位等。

编号				2-099	2-100
项目名称				手提式灭火器	推车式灭火器
单位				具	组
总价(元)				**2.00**	**6.85**
其中	人工费(元)			1.89	6.75
	材料费(元)			0.10	0.10
	机械费(元)			0.01	—
名称		单位	单价(元)	消耗量	
人工	综合工日	工日	135.00	0.014	0.050
材料	灭火器	个	—	(1.000)	—
	推车式灭火器	组	—	—	(1.000)
	棉纱头	kg	16.11	0.006	0.006
机械	中小型机械费	元	—	0.01	—

第十三节　消 防 水 炮

工作内容：外观检查、切管、压槽、法兰连接、水炮安装、本体调试。

编号				2-101	2-102	2-103	2-104
项目名称				电控式消防水炮　进口口径（mm）			模拟末端试水装置
				50 以内	80 以内	100 以内	50
单位				台			
总价（元）				**153.11**	**198.57**	**248.09**	**108.94**
其中	人工费（元）			138.78	176.04	223.43	96.93
	材料费（元）			11.97	20.02	22.15	9.65
	机械费（元）			2.36	2.51	2.51	2.36
名称		单位	单价（元）	消耗量			
人工	综合工日	工日	135.00	1.028	1.304	1.655	0.718
材料	消防水炮	套	—	（1.000）	（1.000）	（1.000）	—
	模拟末端试水装置	套	—	—	—	—	（1.000）
	沟槽法兰（1.6MPa 以下）	片	—	（2.000）	（2.000）	（2.000）	（2.000）
	镀锌六角螺栓带螺母 2 平垫 1 弹垫 M16×100 以内	10 套	7.66	0.824	1.648	1.648	0.824
	尼龙砂轮片 *D*400	片	15.64	0.040	0.040	0.040	0.040
	石棉橡胶板 低压 δ0.8~6.0	kg	19.35	0.260	0.350	0.460	0.140
机械	中小型机械费	元	—	2.36	2.51	2.51	2.36

第三章　气体灭火系统

说　　明

一、本章包括无缝钢管、气体驱动装置管道、选择阀、气体喷头、贮存装置、称重检漏装置、无管网气体灭火装置、管网系统试验 8 节，共 47 条基价子目。

二、工程计价时需注意的问题。

1. 本章适用于工业和民用建筑中设置的七氟丙烷、IG541、二氧化碳灭火系统中的管道、管件、系统装置及组件等的安装。

2. 定额中的无缝钢管、钢制管件、选择阀安装及系统组件试验等适用于七氟丙烷、IG541 灭火系统；高压二氧化碳灭火系统执行本章定额，人工、机械乘以系数 1.20。

3. 管道及管件安装定额。

（1）中压加厚无缝钢管（法兰连接）定额包括管件及法兰安装，但管件、法兰数量应另行计算，螺栓按用量加 3% 损耗计算。

（2）若设计或规范要求钢管需要镀锌，其镀锌及场外运输另行计算。

4. 贮存装置安装定额，包括灭火剂贮存容器和驱动瓶的安装固定支框架、系统组件（集流管，容器阀，气、液单向阀，高压软管）、安全阀等贮存装置和驱动装置的安装及氮气增压。二氧化碳贮存装置安装不需增压，执行定额时应扣除高纯氮气，其余不变。称重装置价值含在贮存装置设备价中。

5. 二氧化碳称重检漏装置包括泄漏报警开关、配重及支架安装。

6. 管网系统包括管道、选择阀、气液单向阀、高压软管等组件。管网系统试验工作内容包括充氮气，但氮气消耗量另行计算。

三、本章定额不包括的内容。

1. 阀门、法兰安装。

2. 阀驱动装置与泄漏报警开关的电气接线。

3. 系统调试。

工程量计算规则

一、管道安装按设计图示管道中心线长度，以“m”为计量单位。不扣除阀门、管件及各种组件所占长度。

二、钢制管件连接分规格，以“个”为计量单位。

三、气体驱动装置管道按设计图示管道中心线长度计算，以“m”为计量单位。

四、选择阀、喷头安装按设计图示数量计算，分规格、连接方式以“个”为计量单位。

五、贮存装置、称重检漏装置、无管网气体灭火装置安装按设计图示数量计算，以“套”为计量单位。

六、管网系统试验按贮存装置数量，以“套”为计量单位。

第一节 无缝钢管

工作内容：检查及清扫管材、切管、套丝、调直、管道预安装、拆卸、二次安装、吹扫、水压试验。

编号				3-001	3-002	3-003	3-004	3-005	3-006	3-007	3-008
项目名称				中压加厚无缝钢管（螺纹连接）							
				公称直径（mm）							
				15 以内	20 以内	25 以内	32 以内	40 以内	50 以内	65 以内	80 以内
单位				10m							
总价（元）				**189.62**	**200.28**	**209.85**	**237.37**	**253.69**	**265.37**	**331.14**	**368.39**
其中	人工费（元）			182.25	190.35	198.45	222.89	235.85	247.19	307.80	341.82
	材料费（元）			6.77	6.89	8.10	9.55	12.52	12.73	17.24	20.35
	机械费（元）			0.60	3.04	3.30	4.93	5.32	5.45	6.10	6.22
名称		单位	单价（元）	消耗量							
人工	综合工日	工日	135.00	1.350	1.410	1.470	1.651	1.747	1.831	2.280	2.532
材料	加厚无缝钢管	m	—	（10.100）	（10.100）	（10.050）	（10.050）	（10.050）	（10.050）	（9.950）	（9.950）
	棉纱头	kg	16.11	0.200	0.200	0.240	0.280	0.280	0.300	0.380	0.420
	酒精 工业用 99.5%	kg	7.42	0.020	0.020	0.020	0.020	0.020	0.030	0.030	0.030
	尼龙砂轮片 *D*400	片	15.64	0.100	0.100	0.120	0.150	0.260	0.240	0.360	0.400
	厌氧胶 325# 200g	瓶	12.16	0.100	0.100	0.120	0.120	0.150	0.150	0.190	0.240
	铅油（厚漆）	kg	11.17	0.050	0.060	0.061	0.088	0.160	0.170	0.240	0.340
	线麻	kg	11.36	0.005	0.006	0.006	0.009	0.016	0.017	0.024	0.034
机械	中小型机械费	元	—	0.60	3.04	3.30	4.93	5.32	5.45	6.10	6.22

工作内容: 检查及清扫管件、管件预安装、拆卸、油清洗、二次安装。

编号				3-009	3-010	3-011	3-012	3-013	3-014	3-015	3-016
项目名称				无缝钢管钢制管件(螺纹连接)							
				公称直径(mm)							
				15 以内	20 以内	25 以内	32 以内	40 以内	50 以内	65 以内	80 以内
单位				10 个							
总价(元)				**189.45**	**228.33**	**285.27**	**383.67**	**441.54**	**519.52**	**589.62**	**634.70**
其中	人工费(元)			174.96	213.84	268.92	366.12	421.20	497.34	563.76	602.64
	材料费(元)			14.49	14.49	16.35	17.55	20.34	22.18	25.86	32.06
名称		单位	单价(元)	消耗量							
人工	综合工日	工日	135.00	1.296	1.584	1.992	2.712	3.120	3.684	4.176	4.464
材料	钢制管件	个	—	(10.100)	(10.100)	(10.100)	(10.100)	(10.100)	(10.100)	(10.100)	(10.100)
	棉纱头	kg	16.11	0.300	0.300	0.300	0.350	0.350	0.400	0.400	0.500
	酒精 工业用 99.5%	kg	7.42	0.100	0.100	0.100	0.120	0.120	0.150	0.150	0.200
	厌氧胶 325# 200g	瓶	12.16	0.600	0.600	0.720	0.720	0.890	0.890	1.160	1.420
	汽油 70#~90#	kg	8.08	0.200	0.200	0.250	0.280	0.370	0.470	0.520	0.650

工作内容：检查及清扫管材、切管、坡口、对口、调直、焊接法兰、管道及管件预安装、拆卸、二次安装、吹扫、水压试验。

编号				3-017	3-018	3-019
项目名称				中压加厚无缝钢管（法兰连接）		
				公称直径（mm）		
				100 以内	125 以内	150 以内
单位				10m		
总价（元）				**1652.11**	**1782.28**	**1909.85**
其中	人工费（元）			1359.18	1453.14	1545.48
	材料费（元）			107.52	134.86	163.60
	机械费（元）			185.41	194.28	200.77
名称		单位	单价（元）	消耗量		
人工	综合工日	工日	135.00	10.068	10.764	11.448
材料	加厚无缝钢管	m	—	（10.000）	（10.000）	（10.000）
	低碳钢焊条 J427 *D*3.2	kg	3.60	6.560	9.540	12.520
	乙炔气	m^3	16.13	0.823	1.002	1.172
	氧气	m^3	2.88	2.305	2.805	3.282
	棉纱头	kg	16.11	0.410	0.420	0.420
	尼龙砂轮片 *D*400	片	15.64	1.860	2.130	2.390
	石棉橡胶板 低压 δ0.8~6.0	kg	19.35	1.368	1.587	1.932
	热轧薄钢板 δ3.5~4.0	kg	3.72	0.490	1.476	2.324
机械	中小型机械费	元	—	185.41	194.28	200.77

第二节　气体驱动装置管道

工作内容：外观检查、切管、揻管、安装、固定、调整等。

编　号				3-020	3-021
项目名称				气体驱动装置管道	
				管外径（mm）	
				10 以内	14 以内
单　位				10m	
总价（元）				**199.66**	**235.40**
其中	人工费（元）			178.20	213.84
	材料费（元）			19.69	19.79
	机械费（元）			1.77	1.77
名　称		单位	单价（元）	消 耗 量	
人工	综合工日	工日	135.00	1.320	1.584
材料	紫铜管	m	—	（10.300）	（10.300）
	棉纱头	kg	16.11	0.050	0.050
	铜管卡及螺栓	套	1.20	15.000	15.000
	铜锁母 10#	个	0.22	2.821	—
	铜锁母 14#	个	0.22	—	3.250
	开孔器 20mm	个	13.27	0.020	0.020
机械	中小型机械费	元	—	1.77	1.77

第三节 选 择 阀

工作内容：外观检查、管口套丝、活接头及阀门安装等。

编 号				3-022	3-023	3-024	3-025	3-026	3-027
项目名称				选择阀（螺纹连接）					
				公称直径（mm）					
				25 以内	32 以内	40 以内	50 以内	65 以内	80 以内
单 位				个					
总价（元）				**56.15**	**60.77**	**87.72**	**101.79**	**138.05**	**171.04**
其中	人工费（元）			47.66	50.36	74.79	85.05	104.90	127.85
	材料费（元）			7.63	9.16	11.59	15.40	31.72	41.76
	机械费（元）			0.86	1.25	1.34	1.34	1.43	1.43
名 称		单位	单价（元）	消 耗 量					
人工	综合工日	工日	135.00	0.353	0.373	0.554	0.630	0.777	0.947
材料	选择阀	个	—	（1.000）	（1.000）	（1.000）	（1.000）	（1.000）	（1.000）
	钢制活接头 *DN*25	个	4.32	1.010	—	—	—	—	—
	钢制活接头 *DN*32	个	5.63	—	1.010	—	—	—	—
	钢制活接头 *DN*40	个	7.64	—	—	1.010	—	—	—
	钢制活接头 *DN*50	个	11.08	—	—	—	1.010	—	—
	钢制活接头 *DN*70	个	26.47	—	—	—	—	1.010	—
	钢制活接头 *DN*80	个	35.41	—	—	—	—	—	1.010
	棉纱头	kg	16.11	0.045	0.053	0.053	0.060	0.060	0.075
	尼龙砂轮片 *D*400	片	15.64	0.019	0.022	0.025	0.031	0.046	0.054
	厌氧胶 325# 200g	瓶	12.16	0.110	0.110	0.130	0.130	0.170	0.210
	汽油 70#~90#	kg	8.08	0.038	0.042	0.056	0.071	0.078	0.098
	铝牌	个	0.60	1.000	1.000	1.000	1.000	1.000	1.000
机械	中小型机械费	元	—	0.86	1.25	1.34	1.34	1.43	1.43

工作内容：外观检查、切管、坡口、对口、法兰及阀门安装。

编号				3-028
项目名称				选择阀（法兰连接）
				公称直径（mm）
				100 以内
单位				个
总价（元）				**374.03**
其中	人工费（元）			212.22
	材料费（元）			123.42
	机械费（元）			38.39
名称		单位	单价（元）	消耗量
人工	综合工日	工日	135.00	1.572
材料	选择阀	个	—	（1.000）
	法兰	片	48.19	2.000
	低碳钢焊条 J427 *D*3.2	kg	3.60	0.286
	乙炔气	m^3	16.13	0.257
	氧气	m^3	2.88	0.720
	棉纱头	kg	16.11	0.045
	金刚石砂轮片 *D*400	片	21.86	0.019
	石棉橡胶板 δ3	kg	15.68	0.346
	镀锌六角螺栓带螺母 2 平垫 1 弹垫 M16×100 以内	10 套	7.66	1.648
	铝牌	个	0.60	1.000
机械	中小型机械费	元	—	38.39

第四节 气 体 喷 头

工作内容：外观检查、管口套丝、管件安装、丝堵拆装、喷头追位及安装、装饰盘安装、喷头外观清洁。

编号				3-029	3-030	3-031	3-032	3-033	3-034
项目名称				气体喷头					
				公称直径(mm)					
				15以内	20以内	25以内	32以内	40以内	50以内
单位				个					
总价(元)				**34.91**	**38.29**	**43.58**	**48.67**	**52.22**	**54.96**
其中	人工费(元)			32.40	35.64	40.50	45.36	48.60	51.17
	材料费(元)			1.78	1.88	2.22	2.43	2.72	2.87
	机械费(元)			0.73	0.77	0.86	0.88	0.90	0.92
名称		单位	单价(元)	消耗量					
人工	综合工日	工日	135.00	0.240	0.264	0.300	0.336	0.360	0.379
材料	气体喷头	个	—	(1.010)	(1.010)	(1.010)	(1.010)	(1.010)	(1.010)
	钢制管件	个	—	(2.020)	(2.020)	(2.020)	(2.020)	(2.020)	(2.020)
	装饰盘	个	—	(1.010)	(1.010)	(1.010)	(1.010)	(1.010)	(1.010)
	钢制丝堵 *DN*15	个	0.60	0.200	—	—	—	—	—
	钢制丝堵 *DN*20	个	0.68	—	0.200	—	—	—	—
	钢制丝堵 *DN*25	个	0.96	—	—	0.200	—	—	—
	钢制丝堵 *DN*32	个	1.47	—	—	—	0.200	—	—
	钢制丝堵 *DN*40	个	2.41	—	—	—	—	0.200	—
	钢制丝堵 *DN*50	个	2.61	—	—	—	—	—	0.200
	棉纱头	kg	16.11	0.030	0.030	0.030	0.030	0.030	0.030
	金刚石砂轮片 *D*400	片	21.86	0.010	0.012	0.016	0.018	0.019	0.021
	酒精 工业用 99.5%	kg	7.42	0.010	0.010	0.010	0.010	0.010	0.010
	厌氧胶 325# 200g	瓶	12.16	0.060	0.060	0.072	0.075	0.080	0.085
	聚四氟乙烯生料 带宽 20	m	1.15	0.138	0.170	0.214	0.235	0.250	0.260
机械	中小型机械费	元	—	0.73	0.77	0.86	0.88	0.90	0.92

第五节 贮存装置

工作内容：外观检查、称重、支框架安装、系统组件安装、阀驱动装置、高压软管安装、氮气增压等。

编号				3-035	3-036	3-037	3-038	3-039	3-040
项目名称				贮存容器					阀驱动装置
				容积(L)					
				40以内	70以内	90以内	155以内	270以内	4以内
单位				套					
总价(元)				**858.74**	**1225.36**	**1413.79**	**2166.81**	**3439.52**	**422.98**
其中	人工费(元)			814.86	1171.26	1349.46	2080.08	3327.48	401.76
	材料费(元)			37.53	47.75	57.98	80.38	105.69	21.22
	机械费(元)			6.35	6.35	6.35	6.35	6.35	—
名称		单位	单价(元)	消耗量					
人工	综合工日	工日	135.00	6.036	8.676	9.996	15.408	24.648	2.976
材料	减压阀 100mm	个	—	(0.020)	(0.020)	(0.020)	(0.020)	(0.020)	(0.020)
	台秤	个	207.48	0.010	0.010	0.010	0.010	0.010	0.010
	厌氧胶 325# 200g	瓶	12.16	0.240	0.240	0.240	0.400	0.800	0.160
	高纯氮气 40L	瓶	20.45	1.000	1.500	2.000	3.000	4.000	0.250
	压力表 25MPa(带弯带阀)	块	61.22	0.040	0.040	0.040	0.040	0.040	0.040
	膨胀螺栓 M12	10套	17.50	0.412	0.412	0.412	0.412	0.412	0.412
	镀锌六角螺栓带螺母 2平垫 1弹垫 M16×100以内	10套	7.66	0.206	0.206	0.206	0.206	0.206	0.206
	标志牌	个	0.85	1.000	1.000	1.000	1.000	1.000	1.000
机械	中小型机械费	元	—	6.35	6.35	6.35	6.35	6.35	—

第六节　称重检漏装置

工作内容：开箱检查、组合装配、安装、固定、试动调整。

编　　号				3-041
项目名称				二氧化碳称重检测装置
单　　位				套
总价（元）				**305.54**
其中	人工费（元）			299.70
	材料费（元）			5.84
名　　称		单位	单价（元）	消　耗　量
人工	综合工日	工日	135.00	2.220
材料	半圆头镀锌螺栓 M（6~12）×（22~80）	10 个	4.20	0.412
	镀锌六角螺栓带螺母 2 平垫 1 弹垫 M10×50 以内	10 套	7.90	0.412
	标志牌	个	0.85	1.000

第七节　无管网气体灭火装置

工作内容：外观检查、气体瓶柜安装、系统组件安装、阀驱动装置安装。

编　　号				3-042	3-043	3-044	3-045	3-046
项目名称				无管网气体灭火装置				
				贮存容器容积（L）				
				40 以内	70 以内	90 以内	150 以内	240 以内
单　　位				套				
总价（元）				**354.64**	**747.66**	**1120.26**	**1233.66**	**2045.60**
其中	人工费（元）			336.96	729.00	1101.60	1215.00	2025.00
	材料费（元）			11.33	12.31	12.31	12.31	14.25
	机械费（元）			6.35	6.35	6.35	6.35	6.35
名　　称		单位	单价（元）	消　耗　量				
人工	综合工日	工日	135.00	2.496	5.400	8.160	9.000	15.000
材料	环氧胶 325# 200g	瓶	12.16	0.160	0.240	0.240	0.240	0.400
	膨胀螺栓 M12	10 套	17.50	0.412	0.412	0.412	0.412	0.412
	镀锌六角螺栓带螺母 2 平垫 1 弹垫 M16×100 以内	10 套	7.66	0.206	0.206	0.206	0.206	0.206
	铝牌	个	0.60	1.000	1.000	1.000	1.000	1.000
机械	中小型机械费	元	—	6.35	6.35	6.35	6.35	6.35

第八节　管网系统试验

工作内容：准备工具和材料、安装拆除临时管线、充氮气、停压检查、泄压、清理及烘干、封口。

编　号				3-047
项目名称				气压试验
单　位				套
总价（元）				**45.50**
其中	人工费（元）			35.64
	材料费（元）			7.49
	机械费（元）			2.37
名　称		单位	单价（元）	消 耗 量
人工	综合工日	工日	135.00	0.264
材料	减压阀 100	个	—	（0.020）
	塑料布	m^2	1.96	0.120
	低碳钢焊条 J427 *D*3.2	kg	3.60	0.165
	乙炔气	m^3	16.13	0.047
	氧气	m^3	2.88	0.141
	热轧厚钢板 δ20	kg	5.04	0.200
	无缝钢管 *D*22×2.5	m	6.19	0.010
	镀锌六角螺栓带螺母 2平垫 1弹垫 M10×50以内	10套	7.90	0.250
	压力表（带弯带阀）25MPa YBS-WS	套	61.22	0.040
机械	中小型机械费	元	—	2.37

第四章　泡沫灭火系统

说　明

一、本章包括泡沫发生器、泡沫比例混合器安装 2 节，共 16 条基价子目。

二、工程计价时需注意的问题。

1. 泡沫液充装定额是按生产厂家在施工现场充装考虑的，若由施工单位充装时，另行计算。

2. 泡沫灭火系统调试应按批准的施工方案另行计算。

3. 泡沫发生器、泡沫比例混合器及泡沫液储罐安装中包括整体安装、焊法兰、单体调试及配合管道试压时隔离本体所消耗的人工和材料，但不包括支架的制作、安装和二次灌浆的工作内容。地脚螺栓按本体带有考虑。

工程量计算规则

一、泡沫发生器安装区分不同型号按设计图示数量以“台”为计量单位，法兰和螺栓按设计规定另行计算。

二、泡沫比例混合器安装区分不同型号按设计图示数量以“台”为计量单位，法兰和螺栓按设计规定另行计算。

三、泡沫液储罐安装区分泡沫罐容积的规格（L）按设计图示数量以“台”为计量单位。

第一节　泡沫发生器

工作内容：开箱检查、整体吊装、安装固定、法兰连接、紧螺栓、调试。

编　号				4-001	4-002	4-003	4-004	4-005
项目名称				水轮机式泡沫发生器			电动机式泡沫发生器	
				型号				
				PFS3	PF4PFS4	PFS10	PF20	BGP-200
单　位				台				
总价（元）				**366.88**	**416.29**	**1051.41**	**1824.05**	**531.30**
其中	人工费（元）			335.34	383.94	852.12	1548.72	497.34
	材料费（元）			18.37	19.18	72.82	101.55	20.79
	机械费（元）			13.17	13.17	126.47	173.78	13.17
名　称		单位	单价（元）	消　耗　量				
人工	综合工日	工日	135.00	2.484	2.844	6.312	11.472	3.684
材料	平焊法兰	片	—	（1.000）	（1.000）	（1.000）	（1.000）	（1.000）
	镀锌六角螺栓带螺母 2 平垫 1 弹垫 M16×150 以内	10 套	7.66	0.824	0.824	0.824	0.824	0.824
	低碳钢焊条 J427 *D*3.2	kg	3.60	0.221	0.221	0.720	1.160	0.221
	乙炔气	m^3	16.13	0.058	0.058	0.138	0.162	0.058
	氧气	m^3	2.88	0.150	0.150	0.360	0.420	0.150
	棉纱头	kg	16.11	0.050	0.100	0.300	0.500	0.200
	石棉橡胶板 $\delta 3$	kg	15.68	0.340	0.340	0.340	0.340	0.340
	尼龙砂轮片 *D*100	片	3.92	0.066	0.066	0.066	0.066	0.066
	盲板	kg	9.70	0.361	0.361	0.361	0.361	0.361
	钢板垫板	kg	4.95	—	—	9.440	14.160	—
机械	中小型机械费	元	—	13.17	13.17	126.47	173.78	13.17

第二节　泡沫比例混合器

工作内容：开箱检查、整体吊装、找平、找正、安装固定、法兰连接、调试。

编　号				4-006	4-007	4-008	4-009
项目名称				压力储罐式泡沫比例混合器			
				型号			
				PHY32/30	PHY48/55	PHY64/76	PHY72/110
单　位				台			
总价（元）				**2224.31**	**2726.31**	**3244.94**	**3975.29**
其中	人工费（元）			1754.46	2152.98	2535.30	3045.60
	材料费（元）			279.02	343.38	475.02	629.90
	机械费（元）			190.83	229.95	234.62	299.79
名　称		单位	单价（元）	消　耗　量			
人工	综合工日	工日	135.00	12.996	15.948	18.780	22.560
材料	平焊法兰	片	—	（2.000）	（2.000）	（2.000）	（2.000）
	镀锌六角螺栓带螺母 2 平垫 1 弹垫 M16×150 以内	10 套	7.66	1.648	1.648	1.648	1.648
	低碳钢焊条 J427 *D*3.2	kg	3.60	1.158	1.554	1.672	2.334
	乙炔气	m^3	16.13	0.182	0.239	0.262	0.656
	氧气	m^3	2.88	0.472	0.622	0.682	1.705
	道木	m^3	3660.04	0.040	0.050	0.070	0.100
	棉纱头	kg	16.11	0.080	0.120	0.120	0.120
	石棉橡胶板 $\delta 3$	kg	15.68	0.132	0.194	0.194	0.328
	尼龙砂轮片 *D*100	片	3.92	11.800	14.160	20.640	23.880
	盲板	kg	9.70	0.361	0.612	0.612	0.875
	钢板垫板	kg	4.95	11.800	14.160	20.640	23.880
机械	中小型机械费	元	—	190.83	229.95	234.62	299.79

工作内容：开箱检查、整体吊装、找平、找正、安装固定、法兰连接、调试。

编　号				4-010	4-011	4-012
项目名称				平衡压力式泡沫比例混合器		
				型号		
				PHP20	PHP40	PHP80
单　位				台		
总价（元）				**535.14**	**653.40**	**989.81**
其中	人工费（元）			451.98	547.56	738.72
	材料费（元）			41.70	54.59	66.65
	机械费（元）			41.46	51.25	184.44
名　称		单位	单价（元）	消　耗　量		
人工	综合工日	工日	135.00	3.348	4.056	5.472
材料	平焊法兰	片	—	（3.000）	（3.000）	（3.000）
	镀锌六角螺栓带螺母 2 平垫 1 弹垫 M16×150 以内	10 套	7.66	2.472	2.472	2.472
	低碳钢焊条 J427 *D*3.2	kg	3.60	0.445	0.884	1.441
	乙炔气	m^3	16.13	0.134	0.212	0.282
	氧气	m^3	2.88	0.348	0.551	0.733
	棉纱头	kg	16.11	0.150	0.150	0.200
	石棉橡胶板 δ3	kg	15.68	0.725	1.150	1.379
	尼龙砂轮片 *D*100	片	3.92	0.183	0.275	0.425
	盲板	kg	9.70	0.361	0.612	0.875
	钢板垫板	kg	4.95	—	—	0.175
机械	中小型机械费	元	—	41.46	51.25	184.44

工作内容：开箱检查、找平、找正、安装固定、法兰连接、调试。

编号				4-013	4-014	4-015
项目名称				环泵负压式泡沫比例混合器		
				型号		
				PH32	PH48	PH64
单位				台		
总价（元）				**318.57**	**366.72**	**394.44**
其中	人工费（元）			236.52	270.54	288.36
	材料费（元）			40.59	44.93	50.16
	机械费（元）			41.46	51.25	55.92
名称		单位	单价（元）	消耗量		
人工	综合工日	工日	135.00	1.752	2.004	2.136
材料	平焊法兰	片	—	(3.000)	(3.000)	(3.000)
	镀锌六角螺栓带螺母 2 平垫 1 弹垫 M16×150 以内	10 套	7.66	2.472	2.472	2.472
	低碳钢焊条 J427 *D*3.2	kg	3.60	0.259	0.316	0.331
	乙炔气	m^3	16.13	0.062	0.069	0.113
	氧气	m^3	2.88	0.161	0.179	0.295
	棉纱头	kg	16.11	0.100	0.100	0.150
	石棉橡胶板 δ3	kg	15.68	0.442	0.662	0.823
	尼龙砂轮片 *D*100	片	3.92	0.113	0.137	0.183
	尼龙砂轮片 *D*400	片	15.64	0.500	0.500	0.500
	盲板	kg	9.70	0.253	0.297	0.361
机械	中小型机械费	元	—	41.46	51.25	55.92

工作内容：开箱检查、找平、找正、安装固定、调试。

编号				4-016
项目名称				管线式负压泡沫比例混合器
				型号
				PHF
单位				台
总价（元）				**100.94**
其中	人工费（元）			92.34
	材料费（元）			8.60
名称		单位	单价（元）	消耗量
人工	综合工日	工日	135.00	0.684
材料	乙炔气	m^3	16.13	0.019
	氧气	m^3	2.88	0.050
	棉纱头	kg	16.11	0.100
	钢板垫板	kg	4.95	1.320

第五章　火灾自动报警系统

说　明

一、本章包括点型探测器,线型探测器,按钮,消防警铃、声光报警器,空气采样型探测器,消防报警电话插孔(电话),消防广播(扬声器),消防专用模块(模块箱),联动控制箱,远程控制箱(柜),火灾报警系统控制主机,联动控制主机,消防广播及电话主机(柜),火灾报警控制微机,备用电源及电池主机(柜)、报警联动一体机的安装工程 16 节,共 73 条基价子目。

二、工程计价时需注意的问题。

1. 本章适用于工业和民用建(构)筑物设置的火灾自动报警系统的安装。

2. 本章均包括以下工作内容。

(1)设备和箱、机及元件的搬运,开箱检查,清点,杂物回收,安装就位,接地,密封,箱、机内的校线、接线、压接端头(挂锡)、编码,测试、清洗,记录整理等。

(2)本体调试。

3. 安装定额中箱、机是以成套装置编制的,柜式及琴台式均执行落地式安装相应项目。

4. 闪灯执行声光报警器。

5. 电气火灾监控系统。

(1)报警控制器按点数执行火灾自动报警控制器安装。

(2)探测器模块按输入回路数量执行多输入模块安装。

(3)剩余电流互感器执行相关电气安装定额。

(4)温度传感器执行线性探测器安装定额。

6. 本章不包括事故照明及疏散指示控制装置安装内容,执行相应项目。

7. 火灾报警控制微机安装中不包括消防系统应用软件开发内容。

工程量计算规则

一、火灾报警系统按设计图示数量计算。

二、点型探测器按设计图示数量计算,不分规格、型号、安装方式与位置以“个”“对”为计量单位。

探测器安装包括了探头和底座的安装及本体调试。红外光束探测器是成对使用的,在计算时一对为两只。

三、线型探测器依据探测器长度、信号转换装置数量、报警终端电阻数量按设计图示数量计算,分别以“m”“台”“个”为计量单位。

四、空气采样管依据图示设计长度计算,以“m”为计量单位;极早期空气采样报警器依据探测回路数按设计图示计算,以“台”为计量单位。

五、区域报警控制箱、联动控制箱、火灾报警系统控制主机、联动控制主机、报警联动一体机按设计图示数量计算,区分不同点数、安装方式以“台”为计量单位。这里的点是指报警联动一体机所带的有地址编码的报警器件与控制模块(接口)的数量。消防巡检柜、防火门监控装置及漏电火灾报警装置的安装,参考区域报警控制箱的安装定额子目。

第一节　点型探测器

工作内容：底座安装、校线、接头、压接冷压端头、底座压线、编码、探头安装、测试、防护罩安拆等。

编号				5-001	5-002	5-003	5-004	5-005
项目名称				点型探测器				
				感烟	感温	红外光束	火焰	可燃气体
单位				个		对	个	
总价（元）				**47.44**	**47.44**	**481.49**	**175.89**	**69.80**
其中	人工费（元）			46.17	46.17	461.70	153.90	46.17
	材料费（元）			1.06	1.06	16.61	21.51	23.56
	机械费（元）			0.21	0.21	3.18	0.48	0.07
名称		单位	单价（元）	消耗量				
人工	综合工日	工日	135.00	0.342	0.342	3.420	1.140	0.342
材料	镀铬钢管 *D*10	m	22.57	—	—	0.412	0.824	—
	镀铬钢板 δ2.5	m^2	184.78	—	—	0.021	0.010	—
	铜接线卡 1.0~2.5	个	0.20	2.030	2.030	4.060	2.030	2.030
	阻燃铜芯塑料绝缘绞型电线 ZR-RVS 2×1.5mm^2	m	1.61	0.153	0.153	1.120	0.153	0.153
	丙烷	kg	22.50	—	—	—	—	1.000
	镀锌螺钉 M（2~5）×（4~50）	个	0.20	2.040	2.040	4.080	2.040	2.040
机械	中小型机械费	元	—	0.21	0.21	3.18	0.48	0.07

第二节　线型探测器

工作内容：安装、校线、接头、压接冷压端头、线型探测器敷设、编码、测试等。

编号					5-006	5-007	5-008
项目名称					线型探测器	线型探测器信号转换装置	报警终端电阻
单位					m	台	个
总价（元）					**29.00**	**266.99**	**2.44**
其中	人工费（元）				27.68	264.74	1.62
	材料费（元）				1.25	2.18	0.75
	机械费（元）				0.07	0.07	0.07
名称		单位	单价（元）		消耗量		
人工	综合工日	工日	135.00		0.205	1.961	0.012
材料	线型探测器	m	—		（1.320）	—	—
	报警终端电阻	个	0.71		—	—	1.050
	标志牌	个	0.85		0.006	0.006	—
	铜接线卡 1.0~2.5	个	0.20		1.575	1.575	—
	尼龙扎带 *L*=100~150	个	0.37		1.838	1.838	—
	阻燃铜芯塑料绝缘绞型电线 ZR-RVS $2 \times 1.5mm^2$	m	1.61		0.153	0.153	—
	木螺钉 *d*（4.5~6）×（15~100）	10个	0.14		—	2.040	—
	塑料胀管 *D*6~8	个	0.31		—	2.100	—
机械	中小型机械费	元	—		0.07	0.07	0.07

第三节 按　钮

工作内容：底座安装、校线、接头、压接冷压端头、底座压线、编码、安装、测试等。

编　号				5-009	5-010
项目名称				火灾报警按钮	消火栓报警按钮
单　位				个	
总价（元）				**82.74**	**245.64**
其中	人工费（元）			81.00	243.00
	材料费（元）			1.67	2.57
	机械费（元）			0.07	0.07
名　称		单位	单价（元）	消　耗　量	
人工	综合工日	工日	135.00	0.600	1.800
材料	镀锌螺钉 M（2~5）×（4~50）	个	0.20	2.040	2.040
	铜接线卡 1.0~2.5	个	0.20	5.075	7.105
	阻燃铜芯塑料绝缘绞型电线 ZR-RVS 2×1.5mm^2	m	1.61	0.153	0.458
机械	中小型机械费	元	—	0.07	0.07

第四节　消防警铃、声光报警器

工作内容：底座安装、校线、接头、压接冷压端头、底座压线、编码、安装、测试等。

编号				5-011	5-012
项目名称				消防警铃	声光报警器
单位				个	
总价(元)				**99.53**	**99.80**
其中	人工费(元)			97.07	97.07
	材料费(元)			2.39	2.73
	机械费(元)			0.07	—
名称		单位	单价(元)	消耗量	
人工	综合工日	工日	135.00	0.719	0.719
材料	塑料异型管 *D*5	m	0.89	0.053	0.053
	木螺钉 *d*(4.5~6)×(15~100)	10个	0.14	0.204	0.306
	塑料胀管 *D*6~8	个	0.31	2.100	3.150
	标志牌	个	0.85	1.000	1.000
	铜接线卡 1.0~2.5	个	0.20	2.030	2.030
	阻燃铜芯塑料绝缘绞型电线 ZR-RVS $2\times1.5mm^2$	m	1.61	0.153	0.153
	棉纱头	kg	16.11	0.010	0.010
机械	中小型机械费	元	—	0.07	—

第五节　空气采样型探测器

工作内容：本体安装、采样管制作安装、校线、压线、接地、调试等。

编　号				5-013	5-014	5-015	5-016	5-017
项目名称				空气采样管	极早期空气采样报警器			
					2 路	6 路	8 路	16 路
单　位				m	台			
总价（元）				**31.96**	**1283.37**	**2245.83**	**2781.17**	**3593.02**
其中	人工费（元）			29.30	1279.80	2235.60	2770.20	3580.20
	材料费（元）			2.59	3.36	10.02	10.76	12.61
	机械费（元）			0.07	0.21	0.21	0.21	0.21
名　称		单位	单价（元）	消　耗　量				
人工	综合工日	工日	135.00	0.217	9.480	16.560	20.520	26.520
材料	标志牌	个	0.85	—	1.000	1.000	1.000	1.000
	空气采样管	m	1.33	1.050	—	—	—	—
	膨胀螺栓 M8	10 套	5.50	—	0.412	0.412	0.412	0.412
	尼龙扎带 L=100~150	个	0.37	—	—	18.000	20.000	25.000
	木螺钉 d(4.5~6)×(15~100)	10 个	0.14	2.040	—	—	—	—
	塑料胀管 D6~8	个	0.31	2.100	—	—	—	—
	阻燃铜芯塑料绝缘绞型电线 ZR-RVS 2×1.5mm^2	m	1.61	—	0.153	0.153	0.153	0.153
	塑料管卡子 20mm	个	0.24	1.050	—	—	—	—
机械	中小型机械费	元	—	0.07	0.21	0.21	0.21	0.21

第六节　消防报警电话插孔(电话)

工作内容:校线、接头、压接冷压端头、压线、安装、测试等。

编号				5-018	5-019
项目名称				电话分机	电话插孔
单位				个	
总价(元)				**36.00**	**19.79**
其中	人工费(元)			33.89	18.50
	材料费(元)			2.04	1.22
	机械费(元)			0.07	0.07
名称		单位	单价(元)	消耗量	
人工	综合工日	工日	135.00	0.251	0.137
材料	铜接线卡 1.0~2.5	个	0.20	2.030	2.030
	镀锌木螺钉 *d*(2~5)×(4~50)	10个	2.80	0.204	—
	镀锌螺钉 M(2~5)×(4~50)	个	0.20	—	2.040
	塑料胀管 *D*6~8	个	0.31	2.100	—
	阻燃铜芯塑料绝缘绞型电线 ZR-RVS 2×1.5mm^2	m	1.61	0.153	0.153
	棉纱头	kg	16.11	0.010	0.010
机械	中小型机械费	元	—	0.07	0.07

第七节　消防广播(扬声器)

工作内容：校线、接头、压接冷压端头、安装、测试等。

编号				5-020	5-021	5-022
项目名称				扬声器		音量调节器
				吸顶式(3~5W)	壁挂式(3~5W)	
单位				个		
总价(元)				**61.01**	**47.87**	**16.55**
其中	人工费(元)			60.08	46.17	14.58
	材料费(元)			0.86	1.63	1.90
	机械费(元)			0.07	0.07	0.07
名称		单位	单价(元)	消耗量		
人工	综合工日	工日	135.00	0.445	0.342	0.108
材料	铜接线卡 1.0~2.5	个	0.20	2.030	2.030	3.045
	镀锌螺钉 M(2~5)×(4~50)	个	0.20	—	—	2.040
	塑料异型管 *D*5	m	0.89	0.053	0.053	0.053
	阻燃铜芯塑料绝缘电线 ZR-BV-1.5mm^2	m	1.61	—	—	0.458
	塑料胀管 *D*6~8	个	0.31	—	2.100	—
	木螺钉 *d*(2~4)×(6~65)	10个	0.60	—	0.204	—
	阻燃铜芯塑料绝缘绞型电线 ZR-RVS 2×1.5mm^2	m	1.61	0.153	0.153	—
	棉纱头	kg	16.11	0.010	0.010	0.006
机械	中小型机械费	元	—	0.07	0.07	0.07

第八节　消防专用模块（模块箱）

工作内容：校线、接头、压接冷压端头、排线、绑扎、导线标识、安装、补漆、编码、本体调试等。

编号				5-023	5-024	5-025	5-026	5-027	5-028
项目名称				模块					
				单输入	多输入	单输出	多输出	单输入/单输出	多输入/多输出
单位				个					
总价（元）				**270.10**	**306.05**	**285.90**	**380.30**	**318.70**	**413.51**
其中	人工费（元）			264.74	297.14	280.13	370.98	312.53	403.38
	材料费（元）			3.94	6.06	4.35	6.47	4.75	7.28
	机械费（元）			1.42	2.85	1.42	2.85	1.42	2.85
名称		单位	单价（元）	消耗量					
人工	综合工日	工日	135.00	1.961	2.201	2.075	2.748	2.315	2.988
材料	铜接线卡 1.0~2.5	个	0.20	4.060	6.090	6.090	8.120	8.120	12.180
	镀锌螺钉 M（2~5）×（4~50）	个	0.20	2.040	2.040	2.040	2.040	2.040	2.040
	标志牌	个	0.85	1.000	1.000	1.000	1.000	1.000	1.000
	尼龙线卡	个	0.12	4.000	8.000	4.000	8.000	4.000	8.000
	阻燃铜芯塑料绝缘绞型电线 ZR-RVS $2 \times 1.5mm^2$	m	1.61	0.305	0.611	0.305	0.611	0.305	0.611
	尼龙扎带 L=100~150	个	0.37	2.000	4.000	2.000	4.000	2.000	4.000
	棉纱头	kg	16.11	0.010	0.010	0.010	0.010	0.010	0.010
机械	中小型机械费	元	—	1.42	2.85	1.42	2.85	1.42	2.85

工作内容：开箱、检查、箱位安装、接地、涮锡、补漆等。

编　　号				5-029	5-030
项目名称				模块箱	端子箱
单　　位				台	
总价（元）				**90.05**	**95.86**
其中	人工费（元）			56.97	63.18
	材料费（元）			21.36	20.96
	机械费（元）			11.72	11.72
名　　称		单位	单价（元）	消　耗　量	
人工	综合工日	工日	135.00	0.422	0.468
材料	接地编织铜线	m	3.54	0.500	0.500
	铜端子 6mm^2	个	5.58	2.030	2.030
	镀锌扁钢（综合）	kg	5.32	0.630	0.630
	膨胀螺栓 M8	10 套	5.50	0.412	0.412
	低碳钢焊条 J427 *D*3.2	kg	3.60	0.045	0.045
	调和漆	kg	14.11	0.045	0.030
	防锈漆	kg	15.51	0.027	0.015
	焊锡	kg	59.85	0.020	0.020
	焊锡膏	kg	38.51	0.006	0.006
机械	中小型机械费	元	—	11.72	11.72

工作内容：外观检查、校线、绝缘电阻遥测、接头挂锡或压接冷压端头、排线、绑扎、导线标识、安装、本体调试、接地等。

编号				5-031	5-032	5-033	5-034	5-035
项目名称				报警控制箱（壁挂）（点）				报警控制箱（落地）（点）
				64 以内	128 以内	256 以内	500 以内	1000 以内
单位				台				
总价（元）				**795.68**	**1138.54**	**2575.86**	**4241.54**	**5822.11**
其中	人工费（元）			729.00	1053.00	2485.62	4129.92	5629.64
	材料费（元）			40.15	44.77	42.36	56.62	116.88
	机械费（元）			26.53	40.77	47.88	55.00	75.59
名称		单位	单价（元）	消耗量				
人工	综合工日	工日	135.00	5.400	7.800	18.412	30.592	41.701
材料	标志牌	个	0.85	1.000	1.000	1.000	1.000	1.000
	焊锡	kg	59.85	0.150	0.180	0.220	0.380	0.700
	焊锡膏	kg	38.51	0.030	0.030	0.060	0.100	0.180
	膨胀螺栓 M8	10 套	5.50	0.412	0.412	0.412	0.412	—

编号				5-031	5-032	5-033	5-034	5-035
项目名称				报警控制箱（壁挂）（点）				报警控制箱（落地）（点）
				64 以内	128 以内	256 以内	500 以内	1000 以内
单位				台				
名称		单位	单价（元）	消耗量				
材料	尼龙线卡	个	0.12	10.000	12.000	14.000	22.000	40.000
	镀锌六角螺栓带螺母 2 平垫 1 弹垫 M10×100 以内	10 套	7.92	—	—	—	—	0.412
	塑料异型管 *D*5	m	0.89	0.525	0.525	0.578	0.998	1.838
	汽油 70#~90#	kg	8.08	0.300	0.350	0.450	0.620	0.850
	调和漆	kg	14.11	0.200	0.300	0.045	0.045	0.050
	防锈漆	kg	15.51	0.200	0.250	0.027	0.030	0.040
	低碳钢焊条 J427 *D*3.2	kg	3.60	0.045	0.045	0.045	0.045	0.045
	镀锌扁钢 40×4	kg	4.51	0.630	0.630	0.630	0.630	0.630
	接地编织铜线	m	3.54	0.500	0.500	0.500	0.500	1.000
	铜端子 $6mm^2$	个	5.58	2.030	2.030	2.030	2.030	—
	铜端子 $16mm^2$	个	10.05	—	—	—	—	4.060
	尼龙砂轮片 *D*100	片	3.92	0.200	0.200	0.200	0.300	0.500
机械	中小型机械费	元	—	26.53	40.77	47.88	55.00	75.59

第九节　联动控制箱

工作内容：校线、绝缘电阻遥测、接头挂锡或压接冷压端头、排线、绑扎、导线标识、安装、本体调试、接地等。

编　　号				5–036	5–037	5–038
项目名称				联动控制箱（壁挂）（点）		联动控制箱（落地）（点）
				256 以内	500 以内	1000 以内
单　　位				台		
总价（元）				**3509.18**	**3755.51**	**4069.35**
其中	人工费（元）			3423.74	3646.76	3872.88
	材料费（元）			44.67	60.87	120.88
	机械费（元）			40.77	47.88	75.59
名　　称		单位	单价（元）	消　耗　量		
人工	综合工日	工日	135.00	25.361	27.013	28.688
材料	焊锡	kg	59.85	0.200	0.360	0.680
	焊锡膏	kg	38.51	0.050	0.090	0.170
	膨胀螺栓 M10	10 套	15.30	0.412	0.412	—

续前

编号				5-036	5-037	5-038
项目名称				联动控制箱（壁挂）（点）		联动控制箱（落地）（点）
				256 以内	500 以内	1000 以内
单位				台		
名称		单位	单价（元）	消耗量		
材料	镀锌六角螺栓带螺母 2 平垫 1 弹垫 M10×100 以内	10 套	7.92	—	—	0.412
	尼龙线卡	个	0.12	16.000	24.000	46.000
	塑料异型管 *D*5	m	0.89	0.525	0.945	1.785
	汽油 70#~90#	kg	8.08	0.450	0.860	1.500
	低碳钢焊条 J427 *D*3.2	kg	3.60	0.045	0.045	0.045
	镀锌扁钢（综合）	kg	5.32	0.630	0.630	0.630
	接地编织铜线	m	3.54	0.500	0.500	1.000
	铜端子 $6mm^2$	个	5.58	2.030	2.030	—
	铜端子 $16mm^2$	个	10.05	—	—	4.060
	尼龙砂轮片 *D*100	片	3.92	0.200	0.300	0.500
	调和漆	kg	14.11	0.045	0.045	0.050
	防锈漆	kg	15.51	0.027	0.030	0.040
机械	中小型机械费	元	—	40.77	47.88	75.59

第十节　远程控制箱(柜)

工作内容:校线、绝缘电阻遥测、接头挂锡或压接冷压端头、排线、绑扎、导线标识、安装、本体调试、接地等。

编号				5-039	5-040	5-041
项目名称				远程控制箱(路)		重复显示器
				3 以内	5 以内	
单位				台		
总价(元)				**1446.36**	**1733.09**	**2461.95**
其中	人工费(元)			1352.84	1622.16	2391.66
	材料费(元)			66.99	80.84	36.64
	机械费(元)			26.53	30.09	33.65
名称		单位	单价(元)	消耗量		
人工	综合工日	工日	135.00	10.021	12.016	17.716
材料	塑料异型管 *D*5	m	0.89	0.315	0.525	0.210
	膨胀螺栓 M8	10 套	5.50	0.412	0.412	0.412
	焊锡	kg	59.85	0.130	0.190	0.080
	焊锡膏	kg	38.51	0.040	0.050	0.020
	汽油 70#~90#	kg	8.08	0.180	0.260	0.200
	低碳钢焊条 J427 *D*3.2	kg	3.60	0.045	0.045	0.045
	打印纸卷	盒	150.00	0.240	0.300	—
	镀锌扁钢(综合)	kg	5.32	0.630	0.630	0.630
	接地编织铜线	m	3.54	0.500	0.500	0.500
	铜端子 $6mm^2$	个	5.58	2.030	2.030	—
	铜端子 $16mm^2$	个	10.05	—	—	2.030
	调和漆	kg	14.11	0.045	0.045	0.050
	防锈漆	kg	15.51	0.027	0.030	0.040
机械	中小型机械费	元	—	26.53	30.09	33.65

第十一节 火灾报警系统控制主机

工作内容：校线、绝缘电阻遥测、接头挂锡或压接冷压端头、排线、绑扎、导线标识、安装、本体调试、接地等。

编号				5-042	5-043	5-044	5-045
项目名称				火灾报警系统控制主机(壁挂)(点)			
				500以内	1000以内	2000以内	2000以外
单位				台			
总价(元)				**4478.69**	**5907.52**	**6854.83**	**9455.57**
其中	人工费(元)			4333.50	5705.78	6595.83	9083.48
	材料费(元)			97.31	139.62	182.64	274.37
	机械费(元)			47.88	62.12	76.36	97.72
名称		单位	单价(元)	消耗量			
人工	综合工日	工日	135.00	32.100	42.265	48.858	67.285
材料	标志牌	个	0.85	1.000	1.000	1.000	1.000
	焊锡	kg	59.85	0.250	0.500	0.800	1.600
	尼龙线卡	个	0.12	15.000	46.000	86.000	120.000
	焊锡膏	kg	38.51	0.070	0.130	0.200	0.400
	膨胀螺栓 M10	10套	15.30	0.412	0.412	0.412	0.412
	塑料异型管 *D*5	m	0.89	0.630	1.250	2.100	4.200
	汽油 70#~90#	kg	8.08	0.520	0.800	0.920	2.600
	镀锌扁钢(综合)	kg	5.32	0.630	0.630	0.630	0.630
	接地编织铜线	m	3.54	0.500	0.500	0.500	0.500
	铜端子 $6mm^2$	个	5.58	2.030	2.030	2.030	2.030
	调和漆	kg	14.11	0.050	0.060	0.065	0.070
	防锈漆	kg	15.51	0.040	0.450	0.500	0.600
	低碳钢焊条 J427 *D*3.2	kg	3.60	0.045	0.045	0.045	0.045
	打印纸卷	盒	150.00	0.320	0.400	0.500	0.600
机械	中小型机械费	元	—	47.88	62.12	76.36	97.72

工作内容：校线、绝缘电阻遥测、接头挂锡或压接冷压端头、排线、绑扎、导线标识、安装、本体调试、接地等。

编号				5-046	5-047	5-048	5-049	5-050
项目名称				火灾报警系统控制主机（落地）（点）				
				500 以内	1000 以内	2000 以内	5000 以内	5000 以外
单位				台				
总价（元）				**4561.83**	**5965.41**	**6985.99**	**9534.53**	**10612.24**
其中	人工费（元）			4376.16	5727.78	6684.66	9115.74	10087.74
	材料费（元）			131.44	169.16	218.62	314.73	363.48
	机械费（元）			54.23	68.47	82.71	104.06	161.02
名称		单位	单价（元）	消耗量				
人工	综合工日	工日	135.00	32.416	42.428	49.516	67.524	74.724
材料	标志牌	个	0.85	1.000	1.000	1.000	1.000	1.000
	焊锡	kg	59.85	0.250	0.500	0.800	1.600	1.900
	焊锡膏	kg	38.51	0.063	0.130	0.200	0.400	0.700
	尼龙线卡	个	0.12	15.000	46.000	82.000	120.000	150.000
	镀锌六角螺栓带螺母 2 平垫 1 弹垫 M10×100 以内	10 套	7.92	0.412	0.412	0.412	0.824	1.648
	塑料异型管 *D*5	m	0.89	0.630	1.250	2.100	4.200	8.400
	汽油 70#~90#	kg	8.08	0.520	0.800	0.920	2.600	2.900
	镀锌扁钢（综合）	kg	5.32	0.630	0.630	0.630	0.630	0.630
	接地编织铜线	m	3.54	1.000	1.000	1.000	1.000	1.000
	铜端子 16mm^2	个	10.05	4.060	4.060	4.060	4.060	4.060
	调和漆	kg	14.11	0.500	0.600	0.650	0.700	0.800
	防锈漆	kg	15.51	0.030	0.045	0.500	0.600	0.700
	打印纸卷	盒	150.00	0.320	0.400	0.500	0.600	0.600
	低碳钢焊条 J427 *D*3.2	kg	3.60	0.045	0.045	0.045	0.045	0.045
机械	中小型机械费	元	—	54.23	68.47	82.71	104.06	161.02

第十二节　联动控制主机

工作内容：校线、绝缘电阻遥测、接头挂锡或压接冷压端头、排线、绑扎、导线标识、安装、本体调试、接地等。

编　号				5-051	5-052	5-053	5-054
项目名称				联动控制主机（落地）（点）			
				256 以内	500 以内	1000 以内	1000 以外
单　位				台			
总价（元）				**5019.19**	**5370.83**	**5721.75**	**6088.13**
其中	人工费（元）			4906.31	5225.04	5532.84	5856.84
	材料费（元）			72.89	95.12	127.56	162.82
	机械费（元）			39.99	50.67	61.35	68.47
名　称		单位	单价（元）	消　耗　量			
人工	综合工日	工日	135.00	36.343	38.704	40.984	43.384
材料	标志牌	个	0.85	1.000	1.000	1.000	1.000
	焊锡	kg	59.85	0.200	0.360	0.680	0.980
	焊锡膏	kg	38.51	0.050	0.090	0.170	0.230
	尼龙线卡	个	0.12	16.000	24.000	46.000	68.000
	镀锌六角螺栓带螺母 2 平垫 1 弹垫 M8×100 以内	10 套	7.80	0.412	0.412	0.412	0.618
	塑料异型管 *D*5	m	0.89	0.525	0.945	1.785	2.415
	汽油 70#~90#	kg	8.08	0.450	0.860	1.500	1.800
	镀锌扁钢（综合）	kg	5.32	0.630	0.630	0.630	0.630
	接地编织铜线	m	3.54	1.000	1.000	1.000	1.000
	铜端子 16mm^2	个	10.05	4.060	4.060	4.060	4.060
	调和漆	kg	14.11	0.045	0.500	0.600	0.650
	防锈漆	kg	15.51	0.027	0.030	0.045	0.500
	低碳钢焊条 J427 *D*3.2	kg	3.60	0.045	0.045	0.045	0.045
机械	中小型机械费	元	—	39.99	50.67	61.35	68.47

第十三节　消防广播及电话主机(柜)

工作内容:校线、绝缘电阻遥测、接头挂锡或压接冷压端头、排线、绑扎、导线标识、安装、本体调试、接地等。

编　号				5–055	5–056	5–057	5–058	5–059
项目名称				消防广播控制柜	广播功率放大器	广播录放盘	矩阵	广播分配器
单　位				台				
总价(元)				**3598.36**	**86.90**	**97.58**	**70.77**	**761.51**
其中	人工费(元)			3424.41	58.32	72.90	48.60	712.67
	材料费(元)			140.30	25.02	24.68	22.17	48.84
	机械费(元)			33.65	3.56	—	—	—
名　称		单位	单价(元)	消　耗　量				
人工	综合工日	工日	135.00	25.366	0.432	0.540	0.360	5.279
材料	镀锌扁钢(综合)	kg	5.32	1.260	—	—	—	—
	接地编织铜线	m	3.54	1.000	0.500	0.500	0.500	0.500
	铜端子 $16mm^2$	个	10.05	4.060	2.030	2.030	2.030	2.030
	橡胶垫 δ2	m^2	33.90	—	0.060	0.050	—	—
	镀锌螺钉 M(2~5)×(4~50)	个	0.20	—	4.080	4.080	—	4.080

续前

编号			5-055	5-056	5-057	5-058	5-059
项目名称			消防广播控制柜	广播功率放大器	广播录放盘	矩阵	广播分配器
单位			台				
名称	单位	单价（元）	消耗量				
材料 标志牌	个	0.85	1.000	—	—	—	—
垫铁	kg	8.61	2.000	—	—	—	—
焊锡	kg	59.85	0.570	—	—	—	0.360
焊锡膏	kg	38.51	0.143	—	—	—	0.090
镀锌六角螺栓带螺母 2平垫 1弹垫 M8×100以内	10套	7.80	0.412	—	—	—	—
塑料异型管 *D*5	m	0.89	1.470	—	—	—	0.945
橡胶板 $\delta 4$	kg	10.66	0.480	—	—	—	—
铜芯塑料绝缘电线 BV-4mm^2	m	2.44	3.054	—	—	—	—
汽油 70#~90#	kg	8.08	1.640	—	—	—	—
调和漆	kg	14.11	0.045	—	—	—	—
防锈漆	kg	15.51	0.027	—	—	—	—
低碳钢焊条 J427 *D*3.2	kg	3.60	0.045	—	—	—	—
机械 中小型机械费	元	—	33.65	3.56	—	—	—

工作内容：校线、绝缘电阻遥测、接头挂锡或压接冷压端头、排线、绑扎、导线标识、安装、本体调试、接地等。

编号				5-060	5-061	5-062	5-063
项目名称				消防电话主机（路）			
				10 以内	30 以内	60 以内	80 以内
单位				台			
总价（元）				**2458.07**	**3644.08**	**4388.54**	**5541.53**
其中	人工费（元）			2336.18	3488.94	4187.70	5297.40
	材料费（元）			88.24	121.49	152.96	182.01
	机械费（元）			33.65	33.65	47.88	62.12
名称		单位	单价（元）	消耗量			
人工	综合工日	工日	135.00	17.305	25.844	31.020	39.240
材料	镀锌扁钢（综合）	kg	5.32	1.220	1.220	1.220	1.220
	接地编织铜线	m	3.54	1.000	1.000	1.000	1.000
	铜端子 $16mm^2$	个	10.05	4.060	4.060	4.060	4.060
	橡胶垫 $\delta 2$	m^2	33.90	—	0.050	0.050	0.050
	镀锌六角螺栓带螺母 2 平垫 1 弹垫 M10×100 以内	10 套	7.92	0.412	0.412	0.412	0.412
	焊锡	kg	59.85	0.430	0.830	1.230	1.630
	焊锡膏	kg	38.51	0.110	0.210	0.310	0.410
	塑料异型管 *D*5	m	0.89	1.050	2.100	3.150	4.200
	汽油 $70^{\#}$~$90^{\#}$	kg	8.08	0.290	0.640	0.980	1.020
	调和漆	kg	14.11	0.030	0.030	0.030	0.030
	防锈漆	kg	15.51	0.020	0.020	0.020	0.020
	低碳钢焊条 J427 *D*3.2	kg	3.60	0.045	0.045	0.045	0.045
机械	中小型机械费	元	—	33.65	33.65	47.88	62.12

第十四节　火灾报警控制微机

工作内容：计算机主机、显示器、打印机安装，软件安装、调试等。

编　号				5-064
项目名称				火灾报警控制微机、图形显示及打印终端
单　位				台
总价（元）				**1166.98**
其中	人工费（元）			1047.20
	材料费（元）			98.42
	机械费（元）			21.36
名　称		单位	单价（元）	消　耗　量
人工	综合工日	工日	135.00	7.757
材料	白绸	m^2	4.18	0.220
	打印纸 132-1	箱	162.50	0.600
机械	中小型机械费	元	—	21.36

第十五节　备用电源及电池主机（柜）

工作内容：安装、电池安装、电池组接线、本体调试等。

编　号				5-065
项目名称				备用电源及电池主机柜
单　位				台
总价（元）				**816.76**
其中	人工费（元）			729.00
	材料费（元）			55.46
	机械费（元）			32.30
名　称		单位	单价（元）	消　耗　量
人工	综合工日	工日	135.00	5.400
材料	镀锌扁钢（综合）	kg	5.32	0.630
	接地编织铜线	m	3.54	1.000
	铜端子 $16mm^2$	个	10.05	4.060
	低碳钢焊条 J427 *D*3.2	kg	3.60	0.045
	橡胶垫 $\delta 2$	m^2	33.90	0.020
	镀锌螺钉 M（2~5）×（4~50）	个	0.20	5.600
	镀锌六角螺栓带螺母 2 平垫 1 弹垫 M8×100 以内	10 套	7.80	0.412
	汽油 $70^{\#}$~$90^{\#}$	kg	8.08	0.230
	调和漆	kg	14.11	0.030
	防锈漆	kg	15.51	0.020
机械	中小型机械费	元	—	32.30

第十六节　报警联动一体机

工作内容：校线、绝缘电阻遥测、接头挂锡或压接冷压端头、排线、绑扎、导线标识、安装、本体调试、接地等。

编　　号				5-066	5-067	5-068	5-069
项目名称				火灾报警联动一体机（壁挂）（点）		火灾报警联动一体机（落地）（点）	
				64 以内	128 以内	256 以内	500 以内
单　　位				台			
总价（元）				**1143.84**	**1797.26**	**4233.83**	**5989.52**
其中	人工费（元）			1053.00	1692.90	4111.56	5834.70
	材料费（元）			64.31	70.71	75.16	100.59
	机械费（元）			26.53	33.65	47.11	54.23
名　　称		单位	单价（元）	消　耗　量			
人工	综合工日	工日	135.00	7.800	12.540	30.456	43.220
材料	标志牌	个	0.85	1.000	1.000	1.000	1.000
	焊锡	kg	59.85	0.050	0.090	0.150	0.250
	焊锡膏	kg	38.51	0.015	0.025	0.045	0.070
	尼龙线卡	个	0.12	15.000	20.000	25.000	30.000
	膨胀螺栓 M10	10 套	15.30	0.412	0.412	—	—
	镀锌六角螺栓带螺母 2 平垫 1 弹垫 M10×100 以内	10 套	7.92	—	—	0.412	0.412
	塑料异型管 *D*5	m	0.89	0.500	0.800	1.200	2.500
	汽油 70#~90#	kg	8.08	0.560	0.900	0.950	3.020
	镀锌扁钢（综合）	kg	5.32	0.630	0.630	0.630	0.630
	接地编织铜线	m	3.54	0.500	0.500	1.000	1.000
	铜端子 16mm^2	个	10.05	4.060	4.060	4.060	4.060
	调和漆	kg	14.11	0.030	0.030	0.030	0.030
	防锈漆	kg	15.51	0.020	0.020	0.020	0.020
	低碳钢焊条 J427 *D*3.2	kg	3.60	0.045	0.045	0.045	0.045
机械	中小型机械费	元	—	26.53	33.65	47.11	54.23

工作内容：校线、绝缘电阻遥测、接头挂锡或压接冷压端头、排线、绑扎、导线标识、安装、本体调试、接地等。

编号					5-070	5-071	5-072	5-073
项目名称					火灾报警联动一体机（落地）(点)			
					1000 以内	2000 以内	5000 以内	5000 以外
单位					台			
总价（元）					**7827.66**	**9172.74**	**12550.19**	**14024.86**
其中	人工费（元）				7637.22	8912.70	12154.32	13450.32
	材料费（元）				121.97	129.33	211.42	292.66
	机械费（元）				68.47	130.71	184.45	281.88
名称			单位	单价（元）	消耗量			
人工	综合工日		工日	135.00	56.572	66.020	90.032	99.632
材料	标志牌		个	0.85	1.000	1.000	1.000	1.000
	焊锡		kg	59.85	0.500	0.800	1.600	2.500
	焊锡膏		kg	38.51	0.130	0.200	0.500	0.900
	尼龙线卡		个	0.12	40.000	95.000	140.000	180.000
	镀锌六角螺栓带螺母 2 平垫 1 弹垫 M10×100 以内		10 套	7.92	0.412	0.412	0.412	0.412
	塑料异型管 *D*5		m	0.89	3.400	4.200	4.800	8.500
	汽油 $70^{\#}$~$90^{\#}$		kg	8.08	3.500	0.950	3.020	3.500
	镀锌扁钢（综合）		kg	5.32	0.630	0.630	0.630	0.630
	接地编织铜线		m	3.54	0.500	0.500	0.500	0.500
	铜端子 $16mm^2$		个	10.05	4.060	4.060	4.060	4.060
	低碳钢焊条 J427 *D*3.2		kg	3.60	0.045	0.045	0.045	0.045
	调和漆		kg	14.11	0.030	0.030	0.030	0.030
	防锈漆		kg	15.51	0.020	0.020	0.020	0.020
机械	中小型机械费		元	—	68.47	130.71	184.45	281.88

第六章　消防系统调试

说　明

一、本章包括自动报警系统调试、水灭火控制装置调试、防火控制装置调试、气体灭火系统装置调试 4 节，共 26 条基价子目。

二、工程计价时需注意的问题。

1. 系统调试是指消防报警和防火控制装置灭火系统安装完毕且连通，并达到国家有关消防施工验收规范、标准而进行的全系统检测、调整和试验，不包括国家或地方检测部门的检测。

2. 定额中不包括气体灭火系统调试试验时采取的安全措施，该安全措施应按施工组织设计另行计算。

3. 自动报警系统装置包括各种探测器、手动报警按钮和报警控制器，灭火系统控制装置包括消火栓、自动喷水、七氟丙烷、二氧化碳等固定灭火系统的控制装置。

4. 切断非消防电源的点数以执行切除非消防电源的模块数量确定点数。

5. 联动设备的调试已考虑在单机调试中，其工程量不得另行计算。

工程量计算规则

一、自动报警系统调试区分不同点数，根据集中报警器台数以“系统”为计量单位。自动报警系统包括各种探测器、报警器、报警按钮、报警控制器组成的报警系统，其点数按具有地址编码的器件数量计算。64 点以内的自动报警系统调试，如果实际调试数量小于 50 点，可根据实际需调试数量采用插入法计算人工消耗量，机械和材料消耗量不变。

二、火灾事故广播、消防通信系统调试按消防广播喇叭及音箱、电话插孔和消防通信的电话分机的数量分别以“10 只”或“部”为计量单位。

三、自动喷水灭火系统调试按水流指示器数量以“点（支路）”为计量单位，消火栓灭火系统按消火栓启泵按钮数量以“点”为计量单位，消防水炮控制装置系统调试按水炮数量以“点”为计量单位。

四、防火控制装置调试按设计图示数量以“点”为计量单位。

五、本册定额中电梯调试仅指消防联动时的电梯调试，以“部”为计量单位。客梯同时充当消防电梯时，调试按消防电梯对应的子目计算。

六、气体灭火系统装置调试按调试、检验和验收所消耗的试验容量总数计算，以“点”为计量单位。

气体灭火系统调试是由七氟丙烷、IG541、二氧化碳等组成的灭火系统，按气体灭火系统装置的瓶头阀以“点”为计量单位。

七、电气火灾监控系统调试按模块点数执行自动报警系统调试相应子目。

第一节　自动报警系统调试

工作内容：技术和器具准备、检查接线、绝缘检查、程序装载或校对检查、功能测试、系统试验、记录整理等。

编号				6-001	6-002	6-003	6-004	6-005	6-006	6-007	6-008
项目名称				自动报警系统调试（点）							
				64 以内	128 以内	256 以内	500 以内	1000 以内	2000 以内	5000 以内	5000 点以外，每增加 256 点
单位				系统							
总价（元）				**3295.81**	**5688.57**	**9850.91**	**17289.89**	**29157.47**	**38573.04**	**58863.21**	**2385.48**
其中	人工费（元）			2908.44	5182.92	9236.16	16515.36	27794.07	36453.65	54680.54	2159.73
	材料费（元）			201.88	221.95	249.43	268.59	447.51	797.17	1767.90	97.78
	机械费（元）			185.49	283.70	365.32	505.94	915.89	1322.22	2414.77	127.97
名称		单位	单价（元）	消耗量							
人工	综合工日	工日	135.00	21.544	38.392	68.416	122.336	205.882	270.027	405.041	15.998
材料	充电电池 5#	节	15.58	10.000	10.000	10.000	10.000	20.000	40.000	100.000	5.000
	铜芯塑料绝缘电线 BV-1.0mm^2	m	0.72	15.270	15.270	15.270	15.270	15.270	15.270	15.270	—
	电气绝缘胶带 18mm×10m×0.13mm	卷	4.55	5.600	7.200	8.840	10.030	12.190	16.820	20.820	2.080
	打印纸 132-1	箱	162.50	0.050	0.120	0.240	0.320	0.400	0.500	0.600	0.060
	酒精 工业用 99.5%	kg	7.42	0.200	0.390	0.460	0.560	0.600	0.700	0.900	0.090
机械	中小型机械费	元	—	185.49	283.70	365.32	505.94	915.89	1322.22	2414.77	127.97

工作内容：技术和器具准备、检查接线、绝缘检查、程序装载或校对检查、功能测试、系统试验、记录整理等。

编　号				6-009	6-010
项目名称				火灾事故广播、消防通信系统调试	
				广播喇叭及音箱、电话插孔	通信分机
单　位				10只	部
总价（元）				**415.71**	**65.07**
其中	人工费（元）			374.22	56.70
	材料费（元）			17.92	4.48
	机械费（元）			23.57	3.89
名　称		单位	单价（元）	消　耗　量	
人工	综合工日	工日	135.00	2.772	0.420
材料	电池 5#	节	1.12	16.000	4.000
机械	中小型机械费	元	—	23.57	3.89

第二节　水灭火控制装置调试

工作内容：技术和器具准备、检查接线、绝缘检查、程序装载或校对检查、功能测试、系统试验、记录整理等。

编　号				6-011	6-012	6-013
项目名称				消火栓灭火系统	自动喷水灭火系统	消防水炮控制装置调试
单　位				点		
总价（元）				**253.11**	**353.67**	**780.84**
其中	人工费（元）			243.00	325.62	745.20
	材料费（元）			4.20	9.56	19.38
	机械费（元）			5.91	18.49	16.26
名　称		单位	单价（元）	消　耗　量		
人工	综合工日	工日	135.00	1.800	2.412	5.520
材料	酒精 工业用 99.5%	kg	7.42	0.160	0.400	0.480
	铜芯塑料绝缘电线 BV-1.0mm^2	m	0.72	1.527	3.563	15.270
	电气绝缘胶带 18mm×10m×0.13mm	卷	4.55	0.420	0.884	1.060
机械	中小型机械费	元	—	5.91	18.49	16.26

第三节　防火控制装置调试

工作内容: 技术和器具准备、检查接线、绝缘检查、程序装载或校对检查、功能测试、系统试验、记录整理等。

编号				6-014	6-015	6-016	6-017	6-018	6-019	6-020	6-021
项目名称				防火卷帘门	电动防火门(窗)	电动防火阀、电动排烟阀、电动正压送风阀	切断非消防电源调试	消防风机调试	消防水泵联动调试	消防电梯调试	一般客用电梯调试
单位				点						部	
总价(元)				**89.03**	**62.49**	**139.10**	**209.94**	**200.88**	**218.90**	**1181.58**	**1114.58**
其中	人工费(元)			81.00	56.70	105.30	178.20	194.40	210.60	1165.32	1109.70
	材料费(元)			0.79	0.91	26.56	25.92	0.66	0.98	—	—
	机械费(元)			7.24	4.88	7.24	5.82	5.82	7.32	16.26	4.88
名称		单位	单价(元)	消耗量							
人工	综合工日	工日	135.00	0.600	0.420	0.780	1.320	1.440	1.560	8.632	8.220
材料	蓄电池　24A·h	块	631.67	—	—	0.040	0.040	—	—	—	—
	灯泡	个	1.33	0.309	0.400	0.480	—	—	—	—	—
	铜芯塑料绝缘电线　BV-1.5mm^2	m	1.61	0.236	0.236	0.407	0.407	0.407	0.611	—	—
机械	中小型机械费	元	—	7.24	4.88	7.24	5.82	5.82	7.32	16.26	4.88

第四节　气体灭火系统装置调试

工作内容：工具准备、模拟喷气试验、储存容器切换器操作试验、气体试喷等。

编号				6-022	6-023	6-024	6-025	6-026
项目名称				气体灭火系统装置调试				
				试验容器规格（L）				
				40	70	90	155	270
单位				点				
总价（元）				**746.03**	**1060.37**	**1361.73**	**1883.49**	**2696.96**
其中	人工费（元）			550.80	826.20	1101.60	1539.00	2203.20
	材料费（元）			178.97	217.91	243.87	328.23	477.50
	机械费（元）			16.26	16.26	16.26	16.26	16.26
名称		单位	单价（元）	消耗量				
人工	综合工日	工日	135.00	4.080	6.120	8.160	11.400	16.320
材料	电磁铁	块	5.94	1.000	1.000	1.000	1.000	1.000
	大膜片	片	1.30	1.000	1.000	1.000	1.000	1.000
	小膜片	片	1.12	1.000	1.000	1.000	1.000	1.000
	锥形堵块	只	2.29	1.000	1.000	1.000	1.000	1.000
	聚四氟乙烯垫	个	3.12	1.000	1.000	1.000	1.000	1.000
	试验介质（氮气）40L	瓶	51.92	1.000	—	—	—	—
	试验介质（氮气）70L	瓶	90.86	—	1.000	—	—	—
	试验介质（氮气）90L	瓶	116.82	—	—	1.000	—	—
	试验介质（氮气）155L	瓶	201.18	—	—	—	1.000	—
	试验介质（氮气）270L	瓶	350.45	—	—	—	—	1.000
	电气绝缘胶带 18mm×10m×0.13mm	卷	4.55	2.000	2.000	2.000	2.000	2.000
	打印纸 132-1	箱	162.50	0.600	0.600	0.600	0.600	0.600
	酒精 工业用 99.5%	kg	7.42	0.900	0.900	0.900	0.900	0.900
机械	中小型机械费	元	—	16.26	16.26	16.26	16.26	16.26

第七章　措 施 项 目

说　明

本章包括安全文明施工措施费（含环境保护、文明施工、安全施工、临时设施）、冬雨季施工增加费、非夜间施工照明费、竣工验收存档资料编制费、施工难度增加措施费、在有害身体健康环境中施工降效增加费、施工用水电接通及拆除费7项。

一、安全文明施工措施费。

安全文明施工措施费（含环境保护、文明施工、安全施工、临时设施）是指现场文明施工、安全施工所需要的各项费用和为达到环保部门要求所需要的环境保护费用以及施工企业为进行建筑安装工程施工所必须搭设的生活和生产用的临时建筑物、构筑物和其他临时设施等的费用。

二、冬雨季施工增加费。

冬雨季施工增加费是指在冬期或雨期施工需增加的临时设施、防滑、排除雨雪，人工及施工机械效率降低等费用。

三、非夜间施工照明费。

非夜间施工照明费是指为保证工程施工正常进行，在地下室等特殊施工部位施工时所采用的照明设备的安拆、维护、摊销、照明用电及人工降效等费用。

四、竣工验收存档资料编制费。

竣工验收存档资料编制费是指按城建档案管理规定，在竣工验收后，应提交的档案资料所发生的编制费用。

五、施工难度增加措施费。

施工难度增加措施费指由于生产车间，居民居住、营业性用房（商场、旅店、医院等）不停产、不停业、不搬迁，进行施工所引起人工效率降低而发生的费用。

六、在有害身体健康的环境中施工降效增加费。

在有害身体健康的环境中施工降效增加费用是指在民法通则有关规定允许的前提下，房屋修缮工程由于车间装置范围内有害气体或高分贝的噪声超过国家标准以致影响身体健康而降效的增加费用。不包括劳保条例规定应享受的工种保健费。

七、施工用水电接通及拆除费。

施工用水电接通及拆除费是指施工现场用水用电的临时管线及施工现场以外接通和拆除临时水源、电源所消耗的人工、材料、仪表、申报等费用。

工程量计算规则

一、安全文明施工措施费（含环境保护、文明施工、安全施工、临时设施）是按综合维修考虑的，以分部分项工程费中的人工费、材料费、机械费合计为基数乘以相应费率计算。本项费用中人工费占16%。

二、冬雨季施工增加费、非夜间施工照明费、竣工验收存档资料编制费以分部分项工程费及可计量的措施项目费中的人工费、机械费合计为基数乘以相应费率计算。详见措施项目费率表。

三、施工难度增加措施费以分部分项工程费及可计量的措施项目费中的人工费的 3.49% 计取，全部为人工费。

四、在有害身体健康的环境中施工降效增加费按分部分项工程费中人工费的 10% 计取，全部为人工费。

五、施工用水电接通及拆除费应按实际发生计取，其人工单价拆除用工每工日 113 元，其他用工每工日 135 元。

措施项目费率表

<table>
<tr><th rowspan="2">序号</th><th rowspan="2">项目名称</th><th rowspan="2">取费基数</th><th colspan="2">费率</th><th rowspan="2">人工费占比</th></tr>
<tr><th>一般计税</th><th>简易计税</th></tr>
<tr><td>1</td><td>安全文明施工费</td><td>分部分项工程费合计</td><td>4.11%</td><td>4.10%</td><td>16%</td></tr>
<tr><td>2</td><td>冬雨季施工增加费</td><td rowspan="3">人工费 + 机械费
（分部分项工程项目 + 可计量的措施项目）</td><td>1.60%</td><td>1.72%</td><td>60%</td></tr>
<tr><td>3</td><td>非夜间施工照明费</td><td>0.13%</td><td>0.12%</td><td>10%</td></tr>
<tr><td>4</td><td>竣工资料存档验收费</td><td>0.20%</td><td>0.22%</td><td></td></tr>
<tr><td>5</td><td>施工难度增加费</td><td rowspan="2">人工费
（分部分项工程项目 + 可计量的措施项目）</td><td>3.49%</td><td>3.49%</td><td>100%</td></tr>
<tr><td>6</td><td>在有害身体健康的环境中施工降效增加费</td><td>10.00%</td><td>10.00%</td><td>100%</td></tr>
</table>

附　　录

附录一　企业管理费、规费、利润和税金

一、企业管理费。

企业管理费是指施工企业组织施工生产和经营管理所需费用。包括：

1. 管理人员工资：指按工资总额构成规定，支付给管理人员和后勤人员的各项费用。

2. 办公费：指企业管理办公用的文具、纸张、账表、印刷、邮电、书报、办公软件、现场监控、会议、水电、烧水和集体取暖降温（包括现场临时宿舍取暖降温）、建筑工人实名制管理等费用。

3. 差旅交通费：指职工因公出差、调动工作的差旅费、住勤补助费，市内交通费和误餐补助费，职工探亲路费，劳动力招募费，职工退休、退职一次性路费，工伤人员就医路费，工地转移费以及管理部门使用的交通工具的油料、燃料及牌照费。

4. 固定资产使用费：指管理和试验部门及附属生产单位使用的属于固定资产的房屋、设备、仪器等的折旧、大修、维修或租赁费。

5. 工具用具使用费：指企业施工生产和管理使用的不属于固定资产的工具、器具、家具、交通工具和检验、试验、测绘、消防用具等的购置、维修和摊销费。

6. 劳动保险和职工福利费：指由企业支付的职工退职金、按规定支付给离休干部的经费，集体福利费、夏季防暑降温、冬季取暖补贴、上下班交通补贴等。

7. 劳动保护费：企业按规定发放的劳动保护用品的支出。如工作服、手套、防暑降温饮料以及在有碍身体健康的环境中施工的保健费用等。

8. 检验试验费：指施工企业按照有关标准规定，对建筑以及材料、构件和建筑安装物进行一般鉴定、检查所发生的费用，包括自设试验室进行试验所耗用的材料等费用。不包括新结构、新材料的试验费，对构件做破坏性试验及其他特殊要求检验试验的费用和建设单位委托检测机构进行检测的费用，对此类检测发生的费用，由建设单位在工程建设其他费用中列支。但对施工企业提供的具有合格证明的材料进行检测不合格的，该检测费用由施工企业支付。

9. 工会经费：指企业按《工会法》规定的全部职工工资总额比例计提的工会经费。

10. 职工教育经费：指按职工工资总额的规定比例计提，企业为职工进行专业技术和职业技能培训，专业技术人员继续教育、职工职业技能鉴定、职业资格认定、安全教育培训以及根据需要对职工进行各类文化教育所发生的费用。

11. 财产保险费：指施工管理用财产、车辆等的保险费用。

12. 财务费：指企业为施工生产筹集资金或提供预付款担保、履约担保、职工工资支付担保等所发生的各种费用。

13. 税金：指企业按规定缴纳的城市维护建设税、教育附加、地方教育附加、房产税、车船使用税、土地使用税、印花税等。

14. 其他：包括技术转让费、技术开发费、工程定位复测费、投标费、业务招待费、绿化费、广告费、公证费、法律顾问费、审计费、咨询费、保险费等。

企业管理费以分部分项工程费及可计量措施项目费中人工费和机械费合计乘以相应费率计算，其中人工费、机械费为基期价格。企业管理费费率见下表。

企业管理费费率表

项目名称	计算基数	费率	
		一般计税	简易计税
管理费	基期人工费 + 基期机械费 （分部分项工程项目 + 可计量的措施项目）	23.25%	23.86%

二、规费。

规费是指按照国家法律、法规规定，由政府和有关部门规定必须缴纳或计取的费用。包括：

1. 社会保险费。

（1）养老保险费：指企业按照规定标准为职工缴纳的基本养老保险费。

（2）失业保险费：指企业按照规定标准为职工缴纳的失业保险费。

（3）医疗保险费：指企业按照规定标准为职工缴纳的基本医疗保险费。

（4）工伤保险费：指企业按照规定标准为职工缴纳的工伤保险费。

（5）生育保险费：指企业按照规定标准为职工缴纳的生育保险费。

2. 住房公积金：指企业按规定标准为职工缴纳的住房公积金。

$$规费 = 人工费合计 \times 37.64\%$$

三、利润。

利润是指施工企业完成所承包工程获得的盈利。

$$利润 = 人工费合计 \times 27\%$$

其中，施工装备费率（取费基数与利润相同）按 6% 计算。

四、税金。

税金是指国家税法规定的应计入安装工程造价内的增值税销项税额。税金按税前总价乘以相应税率或征收率计算。税率或征收率见下表。

税率或征收率表

项目名称	计算基数	税率或征收率	
		一般计税	简易计税
增值税销项税额	税前工程造价	9.00%	3.00%

五、企业管理费和规费的各项费用组成的划分比例如下列表所示，供施工企业内部核算参考。

企业管理费的各项费用组成比例表

序号	项目	比例	序号	项目	比例
1	管理人员工资	24.74%	9	工会经费	9.88%
2	办公费	10.78%	10	职工教育经费	10.88%
3	差旅交通费	2.95%	11	财产保险费	0.38%
4	固定资产使用费	4.26%	12	财务费	8.85%
5	工具用具使用费	0.88%	13	税金	8.52%
6	劳动保险和职工福利费	10.10%	14	其他	4.34%
7	劳动保护费	2.16%			
8	检验试验费	1.28%		合计	100.00%

规费的各项费用组成比例表

<table>
<tr><td>序号</td><td colspan="2">项目</td><td>比例</td></tr>
<tr><td rowspan="5">1</td><td rowspan="5">社会保险费</td><td>养老保险</td><td>40.92%</td></tr>
<tr><td>失业保险</td><td>1.28%</td></tr>
<tr><td>医疗保险</td><td>25.58%</td></tr>
<tr><td>工伤保险</td><td>2.81%</td></tr>
<tr><td>生育保险</td><td>1.28%</td></tr>
<tr><td>2</td><td colspan="2">住房公积金</td><td>28.13%</td></tr>
<tr><td></td><td colspan="2">合计</td><td>100.00%</td></tr>
</table>

附录二 工程价格计算程序

一、安装工程施工图预算计算程序。

安装工程施工图预算应按下表计算各项费用。

施工图预算计算程序表

序号	费用项目名称	计算方法
1	分部分项工程费合计	Σ（工程量 × 编制期预算基价）
2	其中：人工费	Σ（工程量 × 编制期预算基价中人工费）
3	措施项目费合计	Σ措施项目计价
4	其中：人工费	Σ措施项目计价中人工费
5	小计	（1）+（3）
6	其中：人工费小计	（2）+（4）
7	企业管理费	（基期人工费 + 基期机械费）× 管理费费率
8	规费	（6）× 37.64%
9	利润	（6）× 相应利润率
10	其中：施工装备费	（6）× 相应施工装备费费率
11	税金	[（5）+（7）+（8）+（9）] × 税率或征收率
12	含税造价	（5）+（7）+（8）+（9）+（11）

注：基期人工费 = Σ（工程量 × 基期预算基价中人工费）。

基期机械费 = Σ（工程量 × 基期预算基价中机械费）。

二、建筑安装工程费用组成（见下图）。

- 建筑安装工程费
  - 人工费
    - 1. 计时工资或计件工资
    - 2. 奖金
    - 3. 津贴、补贴
    - 4. 加班加点工资
    - 5. 特殊情况下支付的工资
    - 6. 生产工具用具使用费
  - 材料费
    - 1. 材料原价
    - 2. 运杂费
    - 3. 运输损耗费
    - 4. 采购及保管费
  - 施工机具使用费
    - 1. 施工机械费使用费
      - ①折旧费
      - ②大修理费
      - ③维护费
      - ④安拆费及场外运费
      - ⑤人工费
      - ⑥燃料动力费
      - ⑦税费
    - 2. 仪器仪表使用费
  - 企业管理费
    - 1. 管理人员工资
    - 2. 办公费
    - 3. 差旅交通费
    - 4. 固定资产使用费
    - 5. 工具用具使用费
    - 6. 劳动保险和职工福利费
    - 7. 劳动保护费
    - 8. 检验试验费
    - 9. 工会经费
    - 10. 职工教育经费
    - 11. 财产保险费
    - 12. 财务费
    - 13. 税金
    - 14. 其他
  - 利润
  - 规费
    - 1. 社会保险费
      - ①养老保险费
      - ②失业保险费
      - ③医疗保险费
      - ④工伤保险费
      - ⑤生育保险费
    - 2. 住房公积金
  - 税金（增值税销项税额）

建筑安装工程费用项目组成图

附录三 材 料 价 格

说　　明

一、本附录的材料价格为不含税价格，是确定预算基价子目中材料费的基期价格。在编制工程计价文件时，应按编制期价格重新确定材料价格。

二、材料价格由材料采购价、运杂费、运输损耗费和采购及保管费组成。计算公式如下：

采购价为供应地点交货价格：

材料价格 =（采购价 + 运费）×（1+ 运输损耗率）×（1+ 采购及保管费费率）

采购价为施工现场交货价格：

材料价格 = 采购价 ×（1+ 采购及保管费费率）

三、运杂费指供货地点运至工地仓库（或现场指定堆放地点）所发生的全部费用。运输损耗指材料在运输装卸过程中不可避免的损耗，材料损耗率如下表所示。

材料损耗率表

材料类别	损耗率
页岩标砖、空心砖、砂、水泥、陶粒、耐火土、水泥地面砖、白瓷砖、卫生洁具、玻璃灯罩	1.0%
机制瓦、脊瓦、水泥瓦	3.0%
石棉瓦、石子、黄土、耐火砖、玻璃、色石子、大理石板、水磨石板、混凝土管、缸瓦管	0.5%
砌块、白灰	1.5%

注：表中未列的材料类别不计损耗。

四、采购及保管费是指为组织采购、供应和保管材料、工程设备的过程中所需要的各项费用。采购及保管费费率按 0.42% 计取。

五、本附录中材料价格是编制期内天津市建筑材料市场综合取定的施工现场交货价格，并考虑了采购及保管费。

六、采用简易计税方法计取增值税时，材料的含税价格（见下表）按照税务部门有关规定计算，以“元”为单位的材料价格按系数 1.1086 调整。

材料价格表

序号	名称	规格	单位	单价（元）	附注
1	镀锌钢管	*DN*20	m	8.60	
2	镀锌钢管	*DN*25	m	12.56	
3	镀锌钢管	*DN*50	m	24.59	
4	镀锌管箍	*DN*20	个	1.12	
5	镀锌管箍	*DN*25	个	1.67	
6	镀锌管箍	*DN*32	个	2.14	
7	镀锌管箍	*DN*40	个	3.14	
8	镀锌管箍	*DN*50	个	3.99	
9	镀锌弯头	*DN*25	个	2.24	
10	镀锌弯头	*DN*32	个	3.42	
11	镀锌弯头	*DN*50	个	6.74	
12	镀锌弯头	*DN*20 × 15	个	1.88	
13	镀锌弯头	*DN*20	个	1.54	
14	镀锌弯头	*DN*25 × 15	个	2.89	
15	镀锌弯头	*DN*32 × 15	个	3.42	
16	镀锌弯头	*DN*40	个	4.40	
17	镀锌弯头	*DN*40 × 15	个	5.47	
18	镀锌弯头	*DN*50 × 15	个	6.74	
19	镀锌三通	*DN*20	个	2.05	
20	镀锌三通	*DN*25	个	3.05	

材料价格表（续表）

序号	名称	规格	单位	单价（元）	附注
21	镀锌三通	*DN*32	个	5.08	
22	镀锌三通	*DN*40	个	6.06	
23	镀锌三通	*DN*50	个	8.84	
24	镀锌异径管箍	*DN*25 × 15	个	1.69	
25	镀锌异径管箍	*DN*25 × 20	个	1.86	
26	镀锌异径管箍	*DN*32 × 25	个	2.65	
27	镀锌异径三通	*DN*20 × 15	个	2.34	
28	镀锌异径三通	*DN*25 × 15	个	3.40	
29	镀锌异径三通	*DN*32 × 15	个	5.52	
30	镀锌异径三通	*DN*40 × 15	个	10.20	
31	镀锌异径三通	*DN*50 × 15	个	29.84	
32	接头	*DN*25	个	4.71	
33	接头	*DN*32	个	6.40	
34	镀锌活接头	*DN*20	个	3.37	
35	镀锌活接头	*DN*25	个	4.71	
36	镀锌活接头	*DN*32	个	6.40	
37	镀锌活接头	*DN*40	个	9.16	
38	镀锌活接头	*DN*50	个	12.00	
39	镀锌扁钢	40 × 4	kg	4.51	
40	镀锌扁钢	（综合）	kg	5.32	

材料价格表(续表)

序号	名称	规格	单位	单价(元)	附注
41	钢制活接头	DN25	个	4.32	
42	钢制活接头	DN32	个	5.63	
43	钢制活接头	DN40	个	7.64	
44	钢制活接头	DN50	个	11.08	
45	钢制活接头	DN70	个	26.47	
46	钢制活接头	DN80	个	35.41	
47	钢制丝堵	DN15	个	0.60	
48	钢制丝堵	DN20	个	0.68	
49	钢制丝堵	DN25	个	0.96	
50	钢制丝堵	DN32	个	1.47	
51	钢制丝堵	DN40	个	2.41	
52	钢制丝堵	DN50	个	2.61	
53	镀锌丝堵	DN15(堵头)	个	0.73	
54	镀锌丝堵	DN20(堵头)	个	0.81	
55	镀锌丝堵	DN25(堵头)	个	1.16	
56	镀锌六角螺栓带螺母	2 平垫 1 弹垫 M16×100 以内	10 套	7.66	
57	镀锌六角螺栓带螺母	2 平垫 1 弹垫 M20×100 以内	10 套	14.00	
58	镀锌六角螺栓带螺母	2 垫圈 M16×(85~140)	10 套	7.66	
59	镀锌螺钉	M(2~5)×(4~50)	个	0.20	
60	镀锌木螺钉	d(2~5)×(4~50)	10 个	2.80	

材料价格表（续表）

序号	名称	规格	单位	单价（元）	附注
61	镀锌六角螺栓带螺母	2 平垫 1 弹垫 M8×100 以内	10 套	7.80	
62	镀锌六角螺栓带螺母	2 平垫 1 弹垫 M10×50 以内	10 套	7.90	
63	镀锌六角螺栓带螺母	2 平垫 1 弹垫 M10×100 以内	10 套	7.92	
64	镀锌六角螺栓带螺母	2 平垫 1 弹垫 M16×150 以内	10 套	7.66	
65	电池	5#	节	1.12	
66	电磁铁		块	5.94	
67	垫铁		kg	8.61	
68	银粉漆		kg	22.81	
69	厌氧胶	325# 200g	瓶	12.16	
70	铜锁母	10#	个	0.22	
71	铜锁母	14#	个	0.22	
72	压力表	0~1.6MPa（带弯带阀）	套	21.63	
73	压力表	（带弯带阀）25MPa YBS-WS	套	61.22	
74	乙炔气		kg	14.66	
75	润滑剂		kg	4.04	
76	石棉橡胶板	δ3	kg	15.68	
77	石棉橡胶板	低压 δ0.8~6.0	kg	19.35	
78	焊锡		kg	59.85	
79	防锈漆		kg	15.51	
80	调和漆		kg	14.11	

材料价格表（续表）

序号	名称	规格	单位	单价（元）	附注
81	机油		kg	7.21	
82	焊锡膏		kg	38.51	
83	标志牌		个	0.85	
84	棉纱头		kg	16.11	
85	平焊法兰	1.6MPa *DN*150	片	79.27	
86	尼龙砂轮片	*D*100	片	3.92	
87	尼龙砂轮片	*D*400	片	15.64	
88	尼龙砂轮片	*D*500×25×4	片	18.69	
89	热轧厚钢板	δ20	kg	5.04	
90	热轧薄钢板	δ3.5~4.0	kg	3.72	
91	热轧厚钢板	δ8.0~20.0	kg	5.16	
92	热轧厚钢板	δ12~20	kg	5.04	
93	扁钢	60mm 以内	kg	3.67	
94	镀锌钢丝	*D*2.8~4.0	kg	6.91	